第4類消防設備士
過去問題集
製図編

ここ数年に試験に出たあらゆる問題を掲載！

工藤政孝　編著

弘文社

まえがき

　本書は，「わかりやすい第４類消防設備士試験（弘文社）」，「本試験によく出る第４類消防設備士問題集（弘文社）」「みんなの第４類消防設備士試験（弘文社）」などのテキストや問題集の実技部分を補完するために編集した製図専門の問題集です。

　弘文社のテキストでは，巻末に試験を受けられた方からの情報の募集の告知をしているため，これまでに，個人，企業の方から大変多くの本試験情報が寄せられています。

　しかし，これらの情報をすべて問題集などに掲載することは不可能であり，かなりの割合の情報が使用できていない状況にあります。

　そこで，読者の皆さんから，何かと「実技の情報が足りない」というご意見を耳にしていたので，今回，これらの情報をできるだけ生かした問題集を作ろうではないかと，企画，編集したのが本書なのです。

　その内容については，できるだけ本試験において出題された内容を尊重しつつ，別の回で似たような出題があった場合は，２つを１つにまとめたような問題にして，「スキ」をできるだけ作らないようにして問題作りをしました。

　従って，時には設問数が若干多くなった問題もありますが，そのあたりご理解のほどよろしくお願いします。

　なお，本書には13回分の本試験型問題の他，完璧を目指す方のために平面図問題５問をボーナス問題として追加してありますので，時間に余裕のある方は是非トライしてください。

　以上，最後になりましたが，本書を手にされた方が一人でも多く「試験合格」の栄冠を勝ち取られんことを，紙面の上からではありますが，お祈り申しあげます。

著者識

＜補足＞

　初版を出してから、かなりの反響をいただき、著者冥利に尽きるのですが、同時に、課題も少なからず見つかり、今回、この課題をクリアするために、初版のものにかなり手を加え、より充実度は増していると思っております。

　また、初版を出してからも新傾向の問題を入手したりしましたので、初版のボーナス問題に、さらに３問加えました。よって、初版よりかなり内容がボリュームアップしたものになっておりますので、手応えを感じながら、問題の解答を進めてください。

目　　次

1. 製図試験の概要

　ここでは，製図試験の概要を，No.1，「出題傾向と対策」と，No.2，「問題用紙，試験時間，その他」に分けて説明していきます。

No.1　製図試験の出題傾向と対策

（1）　出題傾向について

・製図の問題は，2問出題されます。
　第1問は，平面図が出題されることがほとんどですが，たまに，**階段に煙感知器を設置する問題**や，平面図（長方形だけの場合もある）を示して**感知器の設置個数を求める問題**なども出題されることがあります。
　その平面図の出題パターンですが，おおむね，次のような3パターンに分けられます。

＜平面図＞

パターン1

　実際に製図をさせるのではなく，感知器と配線を表示していない平面図において，**感知器の種別，設置個数**などを答えさせる問題。

パターン2

　感知器と配線を表示していない平面図において，提示された条件に基づいて**実際に作図をさせる問題。**
　その場合，機器収容箱は表示してある場合が一般的ですが，たまに機器収容箱まで記入させる問題もあります。

パターン3

　完成された平面図が提示され，その**誤り**を答えさせる問題。

　以上が，出題パターンの概要になります。もちろん，上記パターンに当てはまらない出題もありますが，おおむねの傾向は以上のとおりです。

・次に第2問です。**一般的には系統図です**が，系統図ではなく建物の断面図を提示して**階段に煙感知器を設置**させたり，あるいは**警戒区域数**や**適合する受信機の型式**を問うような問題なども出題されることがあります。

その系統図の出題パターンは，以下のようになります。

＜系統図＞

「系統図が示され，一部の配線本数の表示が空欄になっていて，その配線本数を答えさせる。」というのが，一番多いパターンです。

従って，この計算パターンさえマスターすれば，製図における得点源になります。そう難しくはないので，この計算パターンは必ずマスターするようにしてください。

以上が，出題パターンの概要になります。これらを念頭に，製図の学習を進めていってください。

（2）　図記号について

製図問題である以上，図記号を把握しておかなければなりませんが，何もすべて覚える必要はなく，試験に出る図記号を中心に覚えておけばよいでしょう。

ちなみに，よく出題されている頻度からいえば，

差動式スポット型感知器（2種）

煙感知器（2種）　　　　　　　　　　　S

定温式スポット型感知器（1種防水型）

定温式スポット型感知器（1種）

光電式分離型感知器（2種）　　　　　S→ または →S（左は送光部，右は受光部）

…のほか，**警戒区域番号，機器収容箱，終端抵抗，地区音響装置，発信機，表示灯，受信機**…という具合になります。**（P.14，15参照）**

あとは，**炎感知器，差動式分布型感知器の検出部，中継器，ガス漏れ火災警報設備の検知器**あたりが，たまに出題される，という程度です。

（3）　設置基準について

次に，製図，それも平面図の製図におけるベースとなるのは，**「設置基準」**です。

というのは，提示された図面を<u>警戒区域線で区切る</u>テクニックや，図面上の部屋に必要な**感知器の種別**や**個数**および**配線の本数や末端に接続する機器**などは，この設置基準を把握しておかないと，判断できないからです。

従って，今一度，この設置基準を（特に自動火災報知設備関連）を再確認するようにしてください。

それと，これは，非常に重要なポイントなのですが，先ほど出てきた感知器の種別については，本試験では，一般的な参考書には載っていないような設置場所が出

題される場合があります。

　たとえば，P.234，巻末資料3の表にある設置場所の欄を見てください。

　「電話機械室」，「消火ポンプ室」，「受水槽室」などは，一般的な参考書には，あまり載っていない設置場所ですが，本試験では，出題例があります。

　従って，平面図における製図突破のコツは，この**感知器の種別の判断**と**設置基準をもとに計算する設置個数**である，といっても過言ではないくらいです。

　よって，このような特殊な用途の部屋に設置する感知器については，仮に出題されたとしてもあわてることのないよう，できるだけ**感知器**とその**図記号**を把握するようにしておいてください。

　なお，個別の感知器の設置基準について，1ポイントアドバイスをしておきます。

①　熱感知器

　熱感知器で，よく問われるのは，**定温式スポット型感知器（1種防水型）**を設置しなければならない場所に**差動式スポット型感知器（2種）**などの他の感知器が設置してあり，間違いはどれか，という問題です。

　従って，繰り返しますが，巻末資料3の表を確実に把握しておいてください。

②　煙感知器

　煙感知器では，階段に設置した煙感知器への配線をそのフロアの配線と同じ警戒区域と錯覚してしまうことが，最初のうちはあるかもしれません。

　問題によっては，この煙感知器を「別の階に設置してある」として，問題の階段には設置していないケースもありますが，もし，そうでなく，同じフロアに設置してあれば，「別の警戒区域である。」と認識しておいてください。

　また，出題される割合は比較的少ないですが，**光電式分離型感知器**についても注意するポイントがあります。

　それは，その建物の縦方向の距離，横方向の距離に収まるように設置する必要がある，ということです。

　このあたりは，実際に問題を解答していって，そのテクニックを把握していってください。

　なお，たまに質問があるのが，次の図のような場合に，図の中ほどにある警戒区域線（矢印部分）の上に感知器を設置すれば，設置個数が少なくて済むんじゃない

か，というものです。

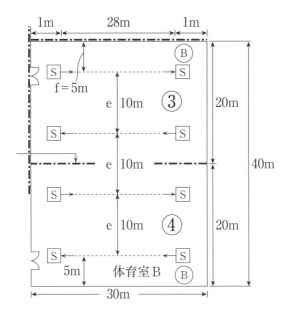

　計算すると，実際，少なくなりますが，この質問には「感知器は**警戒区域ごとに**，かつ，できるだけ均等に設置しなければならない。」という設置原則が抜けています。

　つまり，感知器は**警戒区域ごとに**設置しなければならないので，警戒区域線上には設置できないのです（警戒区域線上で煙を感知した場合，どちらの警戒区域で作動したか分からなくなるため）。

　このあたりをよく理解しておいてください。

（4）　平面図における機器収容箱（総合盤ともいう）の設置について

　機器収容箱まで記入させる出題というのは，実際，少ないことではありますが，まったく出題されないわけではないので，その設置基準について，一応，説明しておきます。

　その機器収容箱ですが，**表示灯，ベル（地区音響装置），発信機**などを一つの金属製の箱に収容するもので（屋内消火栓箱と一体型で設置されている場合もある），製図試験においては，次頁の図（a）のように直接，内部に表示した状態で表記されている場合もありますが，図面上では図（b）のように表記し，凡例に図（b）の記号を表記して備考欄に「Ⓟ◯Ⓑを収容」と表示してある場合もあります。

(a)   (b)

機器収容箱

　この機器収容箱の設置位置は，内部に収容されているベルと発信機の設置基準により判断する必要があります。

　そこで，地区音響装置と発信機の設置基準を比べると，地区音響装置が **25 m 以下**（水平距離），発信機が 50 m 以下（歩行距離）なので，よほど廊下などが迷路のように込み入った形状の図面でもない限り，一般的には地区音響装置の基準をもとに機器収容箱の設置位置を判断します。

　従って，地区音響装置の設置基準である「各階ごとに，その階の各部分から1の地区音響装置までの水平距離が 25 m 以下」という基準を満たす位置を図面上で探し，機器収容箱の記号を記せばよいことになります。

　なお，この水平距離と歩行距離については，次のようになっています。

＜水平距離と歩行距離について＞

　右図の点 O から機器収容箱までの距離をいう場合，

　水平距離というのは，図の b のように，壁やドアなどの存在を無視した最短距離のことをいい，

　歩行距離というのは，文字どおり，人が実際に歩行する距離であり，図の O から P までの距離となり，その歩行距離は，a となります。

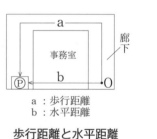

a：歩行距離
b：水平距離

歩行距離と水平距離

（5）条件について

　製図試験には条件が提示してあります。

　その条件の意味するところを，次の＜条件＞をもとに検証していきたいと思います。

＜条件＞

　1．図は，政令別表第一（15）項に該当する地下1階地上5階建ての事務所ビルの地階部分である。

２．主要構造部は耐火構造である。

３．天井高は2.8mとする。

４．地区音響装置は一斉鳴動とする。

５．各室の天井面には，はり等はないものとする。

６．パイプシャフト，階段室は別の階で警戒しているものとする。

・条件1の「**地階部分**」について

　　ベースとなる感知器は，地上階か地階かで異なってきます。

　　地上階は，**差動式スポット型感知器（2種）**，地階の場合は，**煙感知器（2種）**がベースになってきます。

　　従って，問題の平面図が地上階か地階かをまず，チェックします。

・条件2の「**主要構造部は耐火構造である**」と条件3の「**天井高は2.8mとする**」について

　　各室に設置する感知器の設置個数を計算する際には，その感知器の**感知面積**がわからないと計算できません。

　　その感知面積は，条件2の主要構造部が**耐火構造か否か**，ということと，条件3の**天井高**によって，変わってきます。

　　従って，この点は，条件のなかでも最重要ポイントということになるでしょう。

・条件4の「**地区音響装置の一斉鳴動**」について

　　もし，地区音響装置が区分鳴動方式なら，系統図において**地区ベル区分線**が必要になってきます。

・条件5の「**はり**」について

　　0.4m以上（差動式分布型感知器と煙感知器は**0.6m以上**）の「はり」があれば，その部分で感知区域を区分する必要があります。

・条件6の「**パイプダクト，階段室は別の階で警戒しているものとする。**」について

　　この意味するところは，パイプダクト，階段室には，別の階（または部分）などで感知器を設置してあるので，この階には不要，ということです。

　　以上が，条件で注意しなければならないポイントになります。

　　以上，製図の概要について説明してきましたが，要は，問題を何回も解いて，解

答できるテクニックを身につけることです。

　そうすることによって，緊張した状態で受験する本試験での限られた時間でも解答できる実力が身についていくことでしょう。

No.2　問題用紙，試験時間，その他について

（1）　試験用紙はどのくらいの大きさか？

　受験申請する際に，消防署などで受験願書をもらうと思いますが，あれとほぼ同じ大きさです（おおむねＡ4の大きさ）。

（2）　試験時間について

　甲種は3時間15分もあります。

　そこで，筆記のリミットを1問1分として45分，鑑別のリミットを1問5分と見て，5問で25分なので余裕をみて30分。すると，残りは2時間もあります。

　製図の第2問は，一般的に系統図が多いので，さほど解答には時間が取られないものの，一応30分とみると，製図の第1問の平面図に最大1時間30分もかけることができますが，一応，40分をリミットとしておきます。すると，残りは50分もあります。

　以上から，製図第1問を40分，第2問を30分程度で解答できれば，まず，問題ないと思います。

（3）　その他

① 　鉛筆や消しゴムを忘れた場合はどうなる？
　　一応，試験官が忘れた人のために鉛筆を持参してきているのが一般的ですが，消しゴムに関しては未確認です。
② 　トイレについて
　　原則として，トイレであっても途中退出はできません。従って，試験前，できれば，試験官が「これからトイレタイムを取ります」と言ったときに行っておいた方がよいでしょう（試験中に試験官付き添いでトイレに行った例はあるにはあるそうですが，監督業務ができなくなるので，避けるべきでしょう）。

以上が製図の概要になります。

　製図をマスターするには，とにかく，多くの問題を解くことです。
　その際，各自，課題が出てくると思いますが，必ず，それらをメモなどして，い

つでも目を通せるようにすることです。

　そうすることによって，次に問題を解くときに，その課題が頭に浮かび，問題を解く際に実戦力として養われ，実力が増してきたのがわかると思います。

　ぜひ，持てる力を十二分に発揮して，合格通知を手にしてください！

2. 自動火災報知設備に用いられる主な図記号

表ⓐ　自動火災報知設備に用いられる主な図記号

名　　称	図記号	摘　　要
差動式スポット型感知器	⊖	必要に応じ，種別を傍記する。(特に条件がなければ一般的にこの感知器を設置します)
補償式スポット型感知器 熱複合式スポット型感知器	⊜	必要に応じ，種別を傍記する。
定温式スポット型感知器	⌒	① 必要に応じ，種別を傍記する。 ② 特種は ◯₀，防水型は ⏛ とする。 ③ 耐酸のものは ⏛ とする。 ④ 耐アルカリのものは ⏛ とする。 ⑤ 防爆のものは EX を傍記する。
煙感知器	S	必要に応じ，種別を傍記する。なお，光電式分離型感知器の送光部と受光部は次のように表示する。　送光部 S→　受光部 →S
炎感知器	⬭	必要に応じ，種別を傍記する。
差動式分布型感知器(空気管式)	──	① 小屋裏及び天井裏へ張る場合は，－－－－－とする。 ② 貫通個所は，─○─○─とする。
差動式分布型感知器(熱電対式)	─■─	小屋裏及び天井裏へ張る場合は，──▭─とする。
差動式分布型感知器の検出部	⊠	必要に応じ，種別を傍記する。
P型発信機	Ⓟ	① 屋外用は，Ⓟとする。 ② 防爆型は，EX を傍記する。
回路試験器	◉	
表　示　灯	◖	

警報ベル（地区音響装置）	Ⓑ	① 屋外用は，Ⓑとする。 ② 防爆型は，EX を傍記する。
機器収容箱	▭	
受　信　機	⧖	
終端器（終端抵抗）	Ω	例　⏝Ω　ⓅΩ
配　線（2本）	—⫻—	
同　上（3本）	—⫻—	
同　上（4本）	—⫻—	
警戒区域境界線	━ ‐ ‐ ━	
警戒区域番号	(No)	① ◯の中に警戒区域番号を記入する。 ② 必要に応じ⬭とし，上部に警戒場所，下部に警戒区域番号を記入する。 　　例　(階段/9)

表(b)　その他の図記号

名　　称	図記号	名　　称	図記号
中　継　器	⊟	差動式分布型感知器（熱半導体式）	⊙⊙
移　報　器	Ⓡ	副受信機	⊞
差動スポット試験器	Ⓣ		

表(c)　ガス漏れ火災警報設備のみに用いられる図記号

名　　称	図記号	摘　　要
検知器	Ⓖ	⇒検知区域警報装置付きの検知器は
検知区域警報装置	(BZ)	ⒼB とする。
音声警報装置	◁	
受信機	◁▷	
警報区域番号	△	△の中に警戒区域番号を記入する。

3. 本書の使い方

本書を効率よく使っていただくために，次のことを理解しておいてください。

1．重要ポイントについて

本文中，特に重要と思われる箇所には**太字**にしたり，枠で囲むようにして強調してありますので，それらに注意しながら学習を進めていってください。

2．重要マークについて

よく出題される重要度の高い問題には，その重要度に応じてマークを1個，あるいは2個表示してあります。従って，「あまり時間がない」という方は，それらのマークが付いている問題から先に進めていき，時間に余裕ができた後に他の問題に当たれば，限られた時間を有効に使うことができます。

なお，出題率が非常に低いと思われるものには  を表示してあります。

3．正誤の表示方法について

問題を解答していくと，正解した問題や間違えた問題などが出てきますが，その際，完全に正解した問題に○，正解したがまだ，完璧な自信が持てない問題には△，全くわからなかった問題には×と表示しておくと，第2回目以降の解答の際に役に立つと思います（第2回目は○の問題を省略し，△と×の問題のみ解答し，以後，最終的に△と×の問題が全て○になるまで繰り返せば完璧です）。

4. 受験案内

1．消防設備士試験の種類

消防設備士試験には，次の表のように甲種が特類および第1類から第5類まで，乙種が第1類から第7類まであり，甲種が工事と整備を行えるのに対し，乙種は整備のみ行えることになっています。

表1

	甲種	乙種	消防用設備等の種類
特　類	○		特殊消防用設備等
第1類	○	○	屋内消火栓設備, 屋外消火栓設備, スプリンクラー設備, 水噴霧消火設備
第2類	○	○	泡消火設備
第3類	○	○	不活性ガス消火設備, ハロゲン化物消火設備, 粉末消火設備
第4類	○	○	自動火災報知設備, 消防機関へ通報する火災報知設備, ガス漏れ火災警報設備
第5類	○	○	金属製避難はしご, 救助袋, 緩降機
第6類		○	消火器
第7類		○	漏電火災警報器

2．受験資格

（詳細は消防試験研究センターの受験案内を参照して確認して下さい）

(1)　乙種消防設備士試験

受験資格に制限はなく誰でも受験できます。

(2)　甲種消防設備士試験

甲種消防設備士を受験するには次の資格などが必要です。

＜国家資格等による受験資格（概要）＞

① （他の類の）甲種消防設備士の免状の交付を受けている者。

② 乙種消防設備士の免状の交付を受けた後2年以上消防設備等の整備の経験を有する者。

③ 技術士第2次試験に合格した者。

④ 電気工事士

⑤　電気主任技術者（第1種～第3種）

⑥　消防用設備等の工事の補助者として，5年以上の実務経験を有する者。

⑦　専門学校卒業程度検定試験に合格した者。

⑧　管工事施工管理技術者（1級または2級）

⑨　工業高校の教員等

⑩　無線従事者（アマチュア無線技士を除く）

⑪　建築士

⑫　配管技能士（1級または2級）

⑬　ガス主任技術者

⑭　給水装置工事主任技術者

⑮　消防行政に係る事務のうち，消防用設備等に関する事務について3年以上の実務経験を有する者。

⑯　消防法施行規則の一部を改定する省令の施行前（昭和41年1月21日以前）において，消防用設備等の工事について3年以上の実務経験を有する者。

⑰　旧消防設備士（昭和41年10月1日前の東京都火災予防条例による消防設備士）

＜学歴による受験資格（概要）＞

（注：単位の換算はそれぞれの学校の基準によります）

①　大学，短期大学，高等専門学校（5年制），または高等学校において機械，電気，工業化学，土木または建築に関する学科または課程を修めて卒業した者。

②　旧制大学，旧制専門学校，または旧制中等学校において，機械，電気，工業化学，土木または建築に関する学科または課程を修めて卒業した者。

③　大学，短期大学，高等専門学校（5年制），専修学校，または各種学校において，機械，電気，工業化学，土木または建築に関する授業科目を15単位以上修得した者。

④　防衛大学校，防衛医科大学校，水産大学校，海上保安大学校，気象大学校において，機械，電気，工業化学，土木または建築に関する授業科目を15単位以上修得した者。

⑤　職業能力開発大学校，職業能力開発短期大学校，職業訓練開発大学校，または職業訓練短期大学校，もしくは雇用対策法の改正前の職業訓練法による中央職業訓練所において，機械，電気，工業化学，土木または建築に関する授業科目を15単位以上修得した者。

⑥　理学，工学，農学または薬学のいずれかに相当する専攻分野の名称を付記された修士または博士の学位を有する者。

3．試験の方法

(1) 試験の内容

　　試験には，甲種，乙種とも筆記試験と実技試験があり，表2のような試験科目と問題数があります。

　　試験時間は，甲種が3時間15分，乙種が1時間45分となっています。

表2　試験科目と問題数

試　験　科　目		問題数		試　験　時　間
		甲種	乙種	
筆記	基礎的知識 機械に関する部分			甲種：3時間15分 乙種：1時間45分
	基礎的知識 電気に関する部分	10	5	
	消防関係法令 各類に共通する部分	8	6	
	消防関係法令 4類に関する部分	7	4	
	構造機能および工事又は整備の方法 機械に関する部分			
	構造機能および工事又は整備の方法 電気に関する部分	12	9	
	構造機能および工事又は整備の方法 規格に関する部分	8	6	
	合　計	45	30	
実技	鑑別等	5	5	
	製図	2		

(2) 筆記試験について

　　解答はマークシート方式で，4つの選択肢から正解を選び，解答用紙の該当する番号を黒く塗りつぶしていきます。

(3) 実技試験について

　　実技試験には鑑別等試験と製図試験があり，写真やイラスト，および図面などによる記述式です。

　　なお，乙種の試験には製図試験はありません。

4．合格基準

① 筆記試験において，各科目ごとに出題数の40％以上，全体では出題数の60％以上の成績を修め，かつ，

② 実技試験において60％以上の成績を修めた者を合格とします。

　（試験の一部免除を受けている場合は，その部分を除いて計算します。）

5．試験の一部免除

　　一定の資格を有している者は，筆記試験または実技試験の一部が免除されます。

(1)　筆記試験の一部免除

　　①　他の国家資格による筆記試験の一部免除

　　　次の表の国家資格を有している者は，○印の部分が免除されます。

表3

試験科目	資格	電気電子部門の技術士	電気主任技術者	電気工事士
基礎的知識	電気に関する部分	○	○	○
消防関係法令	各類に共通する部分			
	4類に関する部分			
構造機能及び工事，整備	電気に関する部分	○	○	○
	規格に関する部分	○		

　　②　消防設備士資格による筆記試験の一部免除

　　　＜甲種消防設備士試験での一部免除＞

　　○　他の類の甲種消防設備士免状を有している者

　　　⇒　消防関係法令のうち，「各類に共通する部分」が免除

　　　＜乙種消防設備士試験での一部免除＞

　　○　他の類の甲種消防設備士，または乙種消防設備士免状を有している者

　　　⇒　消防関係法令のうち，「各類に共通する部分」が免除

　　　なお，乙種7類の消防設備士免状を有している者が乙種4類の消防設備士試験を受験する際には，上記のほか更に「電気に関する基礎的知識」も免除されます。

(2)　実技試験の一部免除

　　電気工事士の資格を有する者は，鑑別等試験のうち第1問（電気工事に用いる計測器や工具など）が免除されます。

> 個別の科目免除についてのお問合せには弊社ではお答えできませんのでご了承下さい。

6．受験手続き

　試験は(一財)消防試験研究センターが実施しますので，自分が試験を受けよう
とする都道府県の支部の他，試験の日時や場所，受験の申請期間，および受験願
書の取得方法などを調べておくとよいでしょう。

> **一般財団法人 消防試験研究センター 中央試験センター**
> 〒151-0072
> 　　東京都渋谷区幡ヶ谷１－13－20
> 　　電話　03-3460-7798
> 　　Fax　03-3460-7799
> ホームページ：https://www.shoubo-shiken.or.jp/

7．受験地

　全国どこでも受験できます。

8．複数受験について

　試験日，または試験時間帯によっては，４類と７類など，複数種類の受験がで
きます。詳細は受験案内を参照して下さい。

※本項記載の情報は変更される場合があります。試験機関のウェブサイト等で必ず
ご確認下さい。

9．受験上の注意

１．受験申請

　自分が受けようとする試験の日にちが決まったら，受験申請となるわけですが，
大体試験日の１ヶ月半位前が多いようです。その期間が来たら，郵送で申請する
場合は，なるべく**早めに申請**しておいた方が無難です。というのは，もし，申請
書類に不備があって返送され，それが申請期間を過ぎていたら，再申請できずに
次回にまた受験，なんてことになりかねないからです。

２．試験場所を確実に把握しておく

　普通，受験の試験案内には試験会場までの交通案内が掲載されていますが，も
し，その現場付近の地理に不案内なら，ネットなどで確認しておいた方がよいで
しょう。

　実際には，当日，その目的の駅などに到着すれば，試験会場へ向かう受験生の
流れが自然にできていることが多く，そう迷うことは少ないとは思いますが，そ

こに着くまでの電車を乗り間違えたり，また，思っていた以上に時間がかかってしまった，なんてことも起こらないとは限らないので，情報をできるだけ正確に集めておいた方が精神的にも安心です。

3．受験前日

　これは当たり前のことかもしれませんが，当日持っていくものをきちんとチェックして，前日には確実に揃えておきます。特に，**受験票を忘れる人**がたまに見られるので，筆記用具とともに再確認して準備しておきます。

　なお，解答カードには，「必ず**HB，又はB**の鉛筆を使用して下さい」と指定されているので，HB，又はBの鉛筆を**2～3本**と，できれば予備として**濃い目のシャーペン**などを準備しておくと安心です（100円ショップなどで売られているロケット鉛筆があれば重宝するでしょう）。

10．特別公開　これが消防設備士試験だ！

本試験のシミュレーション

　初めて消防設備士試験を受けられる方にとっては，試験場の雰囲気や試験の実施状況など，わからないことがほとんどだと思いますので，ここで，初めて受験される方を対象として，本試験の流れを解説してみたいと思います。

　試験当日が来ました。試験会場には，高校や大学が多いようですが，ここでは，とある大学のキャンパスを試験会場として話を進めていきます。
　なお，集合時間は13時00分で，試験開始は13時30分とします。

1．試験会場到着まで

　まず，最寄の駅に到着します。改札を出ると，受験生らしき人々の流れが会場と思われる方向に向かって進んでいるのが確認できると思います。その流れに乗って行けばよいというようなものですが，当日，別の試験が別の会場で行われている可能性が無きにしもあらずなので，場所の事前確認は必ずしておいてください。

受験生の流れ

　さて，そうして会場に到着するわけですが，少くとも，12時45分までには会場に到着するようにしたいものです。特に初めて受験する人は，何かと勝手がわからないことがあるので，十分な余裕を持って会場に到着してください。

２．会場に到着

　大学の門をくぐり，会場に到着すると，図のような案内の張り紙が張ってあるか，または立てかけてあります。

　これは，どの受験番号の人がどの教室に入るのか，という案内で，自分の受験票に書いてある受験番号と照らし合わせて，自分が行くべき教室を確認します。

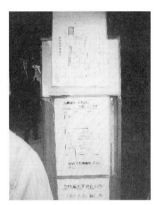

案内板

３．教室に入る

　自分の受験会場となる教室に到着しました。すると，黒板のところに，ここにも何やら張り紙がしてあります。これは，どの受験番号の人がどの机に座るのか，という案内で，自分の受験番号と照らし合わせて自分の机を確認して着席します。

４．試験の説明

　会場によっても異なりますが，一般的には 13 時になると，試験官が問題用紙を抱えて教室に入ってきます（13 時過ぎに入ってくる会場もある）。従って，それまでにトイレは済ませておきたいですが，試験官が説明の前にトイレタイムを取るところが一般的です。

　そして，試験官の説明，となりますが，内容は，試験上の注意事項のほか，問題用紙や解答カードへの記入の仕方などが説明されます。それらがすべて終ると，試験開始までの時間待ちとなります。

５．試験開始

　「それでは，試験を開始します」という，試験官の合図で試験が始まります。初めて受験する人は少し緊張するかもしれませんが，時間は十分あるので，ここはひとつ冷静になって一つ一つ問題をクリアしていきましょう。

　なお，その際の受験テクニックですが，巻末の模擬試験の冒頭にも記してありますが，簡単に説明すると，

　　①　難しい問題だと思ったら，とりあえず何番かに答を書いておき，後回しにします（**難問に時間を割かない**）。

　　②　時間配分をしておく。

　　　P.6 の製図試験の概要で説明しましたように，「時間がなくて最後の製図試験ができなかった（あるいは，中途半端になった）」などとならないように，ある程度の時間配分（タイムリミットの設定）を取っておきたいものです。

6．途中退出

　　試験開始から 35 分経過すると，試験官が「それでは 35 分経過しましたので，途中退出される方は，机に張ってある受験番号のシールを問題用紙の名前が書いてあるところの下に張って，解答カードとともに提出してから退出してください。」などという内容のことを通知します。すると，もうすべて解答し終えたのか（それとも諦めたのか？）少なからずの人が席を立ってゴソゴソと準備をして部屋を出て行きます。そしてその後も，パラパラと退出する人が出てきますが，ここはひとつ，そういう"雑音"に影響されずにマイペースを貫きましょう。

7．試験終了

　　試験終了 5 分ぐらい前になると，「試験終了まで，あと 5 分です。**名前や受験番号**などに書き間違えがないか，もう一度確認しておいてください」などと試験官が言うので，その通りに確認するとともに，**解答の記入漏れ**が無いかも確認しておきます。

　　そして，16 時 45 分になって，「はい，試験終了です」の声とともに試験が終了します。

　　以上が，本試験をドキュメント風に再現したものですが，地域によっては多少の違いはあるかもしれませんが，おおむね，このような流れで試験は進行します。従って，前もってこの試験の流れを頭の中にインプットしておけば，さほどうろたえる事もなく，試験そのものに集中できるのではないかと思います。

5. 学習を始める前に

　本書は，13回分の模擬テストとボーナス問題で構成されており，全13回分の模擬テストは，本試験に準じて問1が平面図，問2が系統図という構成になっております。その製図をマスターするためには，なるべく多くの問題を練習して，

　①　色んなパターンにおける感知面積をすぐに導き出せるようにすること。

　②　解答へ導く手順をマスターすること。

　が大事です。

　また，時間の目安としては，

　問1は，40分以内，

　問2は，30分以内で解答できれば，万全だと思います。それでは次に，6ページの製図試験の概要と少し重複しますが，平面図，系統図の出題ポイントをもう一度，簡単に解説しておきます。

＜出題のポイント＞

（1）平面図

　平面図では，

　①　具体的に**感知器**や**配線**を記入して図を完成させるという問題。

　②　設計図上の**誤り**を指摘したり，**警戒区域の設定**および**感知器を選定して記入**する。

　というような問題の2パターンが一般的に出題されています。

　従って，特に①のような問題が出題されると，製図の知識を正確に理解しておかないとなかなか図を作成することが出来ないので，単に図を見て理解するだけではなく，**実際に自分で警戒区域や感知器などを記入し，機器を配線で接続して図を完成させる能力**が必要となります。

　そのためにはやはり，筆記の**設置基準**をよく理解しておく必要があるので，筆記のテキストを手元に置くなどして解答に臨んで下さい。

　なお，一般的には**差動式スポット型感知器（2種），定温式スポット型感知器，煙感知器（2種）**を扱う問題が圧倒的に多いですが，たまに，**光電式分離型感知器と差動式分布型感知器（空気管式）**の問題が出題されることがあります。

　しかし，同じ差動式分布型でも，熱電対式や熱半導体式はほとんど出題例がありません（著者の経験から言うと皆無ですが断言は避けておきます）。

　また，**炎感知器**に関しては皆無ではなく，非常にまれに出題されることがあるようで，一応，**設置個数の計算方法**などは把握しておいてください。

　その他，**設置場所の適応感知器**も重要なポイントなので一応，巻末資料３にこれまで出題された主な設置場所に適応する感知器の種別をまとめておきましたが，万が一これら以外の場所が出題されたら同じような場所から類推して対処してください（例えば，もし，表に「電気室」のみ表示されていて「変電室」の適応感知器がわからない場合は，その類似の「電気室」から判断するという具合です）。

（２）系統図

　系統図は，製図の第２問として出題されるケースが一般的ですが，たまに階段に煙感知器を設置する問題などが出題されるケースがあります。

　さて，その**系統図**の問題ですが，圧倒的に多いのが**配線本数**を求める問題です。

　これは計算のパターンさえつかんでおけばそう難しくはありませんが，たまに「**発信機及び表示灯は屋内消火栓設備と兼用のものとする。**」という条件を付けられたり，さらに「**地区音響装置を区分鳴動方式とする。**」という条件まで付けられることがあります。

　また，「**共通線は２本使用するが，１本当たりに接続する警戒区域の数は同じとなるようにする。**」などのように，共通線に関して条件を付けてくるケースもあります。

　このように，基本的な本数計算だけでは対処できないケースもあるので，問題を何回も解くなどして，十分対処能力を高めておく必要があります。

　その他，**受信機の種類**や**警戒区域数**（たまに**電線の種類**も）を問う出題のほか，平面図と同じく**凡例記号を用いて図に感知器などを記入する**というような問題なども出題されることがあるのでこちらの方も本書に記載されている問題などをよく理解して，確実に把握しておく必要があるでしょう。

第1回

第1回目の問題

第1回目の問題

【問1】　図1−1は、地上10階建ての事務所ビルの1階部分を示したものである。次の各設問に答えなさい。

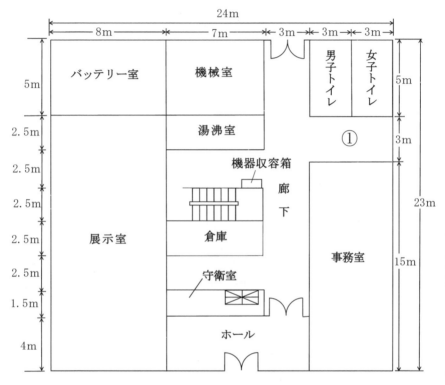

図1−1　事務所ビルの1階部分

設問1　次頁の条件に基づき，示された凡例記号を用いて自動火災報知設備の設備図を完成させなさい。ただし，この階は無窓階でないものとする。

（解答⇒P.33）

設問2　この階を無窓階とした場合に各室等に設置する感知器の種別のみを次頁の語群から選んで記号で答えなさい。　　　　　（解答⇒P.33）

設問3 この階が地下1階にあるとした場合に各室等に設置する感知器の種別の
みを下記語群から選んで記号で答えなさい。 (解答⇒P.33)

設問4 この階が地上12階にあるとした場合に各室等に設置する感知器の種別の
みを下記語群から選んで記号で答えなさい。 (解答⇒P.33)

＜条件＞

1．主要構造部は耐火構造である。
2．展示室の天井の高さは4.2mで，その他は3.8mである。
3．受信機から機器収容箱までの配線は省略するものとする。
4．立上がりの配線本数等の記入は，省略するものとする。
5．階段室は，この階で警戒しているものとする。
6．発信機等の必要機器及び終端抵抗は，機器収容箱内に設置するものとする。
7．廊下には煙感知器を設置すること。なお，ホールは廊下に準じる用途のも
のとする。
8．感知器の設置は，法令基準に基づいて，必要最少個数を設置すること。

＜語群＞

ア：差動式スポット型感知器（2種）
イ：定温式スポット型感知器（1種）
ウ：定温式スポット型感知器（1種防水型）
エ：定温式スポット型感知器（特種）
オ：定温式スポット型感知器（耐酸型）
カ：煙感知器（2種）

＜凡例＞

記号	名　称	備　考
▨	受信機	P型1級受信機
▭	機器収容箱	Ⓟ◖Ⓑ及び終端抵抗を収容
Ω	終端抵抗	
◝	差動式スポット型感知器	2種
◠	定温式スポット型感知器	1種
⬒	同　上	1種防水型
⬓	同　上	1種耐酸型
Ⓢ	煙感知器	光電式2種
Ⓟ	P型発信機	1級
◖	表示灯	AC 24 V
Ⓑ	地区音響装置	150φ DC 24 V
—//—	配　線	2本
—////—	配　線	4本
⌁	同上立上り	
——––	警戒区域境界線	
(No)	警戒区域番号	

解答欄

	展示室	バッテリー室	機械室	湯沸室	男子便所	女子便所	事務室	廊下	ホール	守衛室	倉庫
設問2											
設問3											
設問4											

【問2】

　図1－2は，4階建ての防火対象物に設置した自動火災報知設備の系統図を示したものである。a〜jの配線本数を求めなさい。なお，地区音響装置は一斉鳴動方式とし，警戒区域①〜⑤の共通線をC1，⑥〜⑨の共通線をC2とする。

（解答⇒P.38）

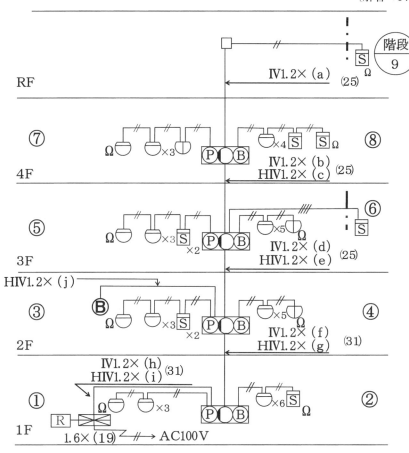

注：　(25)　(31)　は配管径を示す

図1－2　自動火災報知設備の系統図

（注：系統図の場合，本来は感知器間の本数を示す斜線は不要ですが，本試験では，一般的に表示されていますので，本書でも表示してあります。また，同じく本試験では，終端抵抗

のある感知器だけ独立して表示しているのが一般的なので,本書もそれに倣って⑧の煙感知器のように表示してあります。)

＜凡例＞

記号	名　　称	備　　考
▷◁	受信機	P 型 1 級受信機
☐	機器収容箱	Ⓟ◖Ⓑを収容
Ⓟ	P 型発信機	1 級
◖	表示灯	AC 24 V
Ⓑ	地区音響装置	DC 24 V　15 mA
⏢	差動式スポット型感知器	2 種
◠	定温式スポット型感知器	1 種
⊥	定温式スポット型感知器	1 種防水型
Ⅱ	定温式スポット型感知器	1 種耐酸型
Ⓢ	煙感知器	2 種　非蓄積型
Ω	終端抵抗	10 kΩ
Ⓡ	移報器	消火栓起動リレー
—//—	配　線	2 本
—////—	配　線	4 本
(No)	警戒区域番号	

解答欄

a	b	c	d	e	f	g	h	i	j

問1の解答・解説

●問1　設問1の解答●

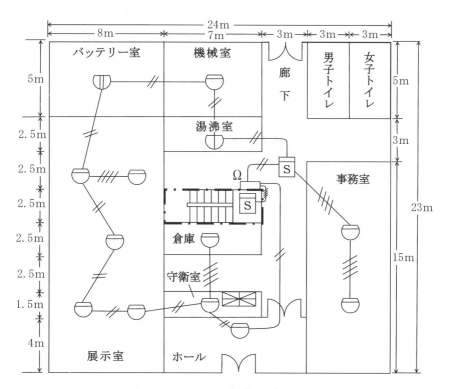

図1-3　問1の解答図（一例）

●問1　設問2，設問3，設問4の解答●

	展示室	バッテリー室	機械室	湯沸室	男子便所	女子便所	事務室	廊下	ホール	守衛室	倉庫
設問2	カ	オ	カ	ウ	なし	なし	カ	カ	カ	カ	カ
設問3	カ	オ	カ	ウ	なし	なし	カ	カ	カ	カ	カ
設問4	カ	オ	カ	ウ	なし	なし	カ	カ	カ	カ	カ

問1　設問1の解説

製図の解答の手順は，おおむね次のような流れで行います。

＜製図の解答の手順＞重要

（1）警戒区域を設定する

（2）機器収容箱の位置を決める

（3）感知器を設置しなくてもよい場所を確認する

（4）各室に設ける感知器の種別，および個数の割り出しをする

（5）回路の末端の位置を決めて配線ルートを決め，配線をする

では，この手順で順次解答していきたいと思います。

（1）　警戒区域を設定する

問題の図の場合，

フロア面積は $24 \times 23 = 552 \, \mathrm{m}^2$ となり，

別警戒区域の階段とエレベーター部分のたて穴区画は，

$(2.5 \times 7) + (2.5 \times 7) = 17.5 \times 2 = 35 \, \mathrm{m}^2$ となります。

従って，たて穴区画を引いた残りは，

$552 - 35 = 517 \, \mathrm{m}^2$ となり，

1警戒区域の条件（$600 \, \mathrm{m}^2$ 以下）を満たすので，

1警戒区域とし，階段の周囲に別警戒区域である旨の警戒区域線を引いておきます。（P.33 の正解図参照）

（2）　機器収容箱の位置を決める

機器収容箱は，一般的に地区音響装置（各階ごとに，その階の各部分から1の地区音響装置までの水平距離が 25 m 以下となるように設ける）の規制を考慮して，位置を決定しますが，本問では，すでに設置されているので，省略します。

（3）　感知器を設置しなくてもよい場所を確認する

P.234 の巻末資料3より，トイレが該当するので，設置を省略します。

（4）　各室に設ける感知器の種別，および個数の割り出し

①　感知器の種別

まず，巻末資料2（P.233）より，煙感知器でなければならない部分を確認すると，廊下と階段（条件5より）及びホール（**ホール**は廊下に準じる）が該当することになります（問題の条件より，無窓階ではないので，ここだけになります）。

　なお，ホールは廊下に準じる扱いを受ける玄関ホールとは異なり，一般的な部屋扱いの室になるので，差動式スポット型感知器（2種）になります。

　また，湯沸室には，P.234 より，**定温式スポット型感知器（1種防水型）**，バッテリー室には**定温式スポット型感知器（耐酸型）**を設置し，機械室はじめ，その他の室については**差動式スポット型感知器（2種）**を設置しておきます。（注：ホールは，廊下に準ずる扱いを受ける玄関ホールとは異なり一般の室の扱いを受けるので，下線部の感知器を使用します。）

②　感知器の個数

1．差動式スポット型感知器（2種）の場合

個数を求めるに際しては，まず感知面積を求めます。

差動式スポット型感知器（2種）の感知面積は次のようになります。

差動式スポット型（2種） 補償式スポット型（2種） 定温式スポット型（特種） の感知面積	（取り付け面の高さ） （4 m 未満）　　　4 m　　　（4 m 以上） ──────────|────────── ①　耐火：**70 m²**　　②　耐火：**35 m²** 　　その他：40 m²　　　　その他：25 m²

　条件の1と2より，耐火で天井高が展示室以外は3.8 m なので，感知面積は4 m 未満の **70 m²**，展示室は4.2 m なので，4 m 以上の **35 m²** となります。

　以上をもとにそれぞれの室の設置個数を計算します。

（感知面積は **35 m²**）

・**展示室**

　　床面積は，$8 \times 18 = 144$ m² となるので，

　　$144 \div 35 = 4.11 \cdots$ より，繰り上げて**5個**設置します。

（感知面積は **70 m²**）

・**機械室**

　　床面積は，$7 \times 5 = 35$ m² となるので，**1個**設置します。

・**事務室**

　　床面積は，$6 \times 15 = 90$ m² となるので，

　　$90 \div 70 = 1.28 \cdots$ より，繰り上げて**2個**設置します。

・**ホール**

　　床面積は，$10 \times 4 = 40$ m² となるので，**1個**設置します。

・**倉庫**

床面積は，$7 \times 2.5 = 17.5 \, \text{m}^2$ となるので，1個設置します。

・**守衛室**

床面積は，$7 \times 1.5 = 10.5 \, \text{m}^2$ となるので，1個設置します。

2．定温式スポット型感知器（1種防水型，耐酸型）の場合

定温式スポット型感知器（1種）の場合の感知面積は次のようになります。

定温式スポット型（1種）の感知面積

（取り付け面の高さ）

（4 m 未満）　　　4 m　　　（4 m 以上）

──────── │ ────────

① 耐火：**60 m²**　　　② 耐火：**30 m²**

　その他：30 m²　　　　その他：15 m²

感知面積は耐火で 4 m 未満なので，感知面積は **60 m²** となります。
（感知面積は **60 m²**）

・**バッテリー室**

床面積は，$8 \times 5 = 40 \, \text{m}^2$ なので，

$40 \div 60 = 0.66 \cdots\cdots$ より，繰り上げて 1個設置します。

・**湯沸室**

床面積は，$7 \times 2.5 = 17.5 \, \text{m}^2$ なので，1個設置で十分ということになります。

3．煙感知器（2種）の場合

・**廊下**

煙感知器は歩行距離 **30 m**（3種は 20 m）につき 1個以上設ける必要があり，また，廊下等の壁面から <u>15 m 以下</u>になるように設置します。

これより，廊下の歩行距離の合計は 30 m を超えますが，解答例の位置に設置すると，

「廊下等の壁面から 15 m 以下」という条件を満たすので，図の位置に 1個設けます。

・**階段**

階段はこの階で警戒しているので，煙感知器（2種）を設置しておきます。

（5）　回路の末端の位置を決めて配線ルートを決め，配線をする

　条件の6より，終端抵抗は，機器収容箱内に設置するので，今回は，機器収容箱から出発して，用度品庫〜展示室〜機械室〜廊下の煙感知器（事務室往復）〜機器収容箱というルートを取り，機器収容箱内の発信機からこの終端抵抗で終了するルートを取りました（法令基準に適合していれば別のルートでもよい）。

　なお，展示室の上にある感知器と廊下の煙感知器から事務室へ分岐するルート，及び階段への配線は往復の4本となります。

問1　設問2，設問3，設問4の解説

　設問2，設問3，設問4　規則第23条の5より，煙感知器を設置しなければならない場所は次のとおりです。
（注： 熱煙 は熱煙複合式スポット型感知器，炎 は炎感知器の略です。）

	設置場所	感知器の種別		
		煙	熱・煙	炎
①	たて穴区画（階段，傾斜路，エレベーターの昇降路，リネンシュート，パイプダクトなど）	○		
②	地階，無窓階および11階以上の階（ただし，特定防火対象物および事務所などの15項の防火対象物に限る）	○	○	○
③	廊下および通路（下記※に限る）	○	○	
④	カラオケボックス等（2項ニ⇒16項イ，（準）地下街に存するもの含む）	○	○	
⑤	感知器の取り付け面の高さが15m以上20m未満の場所	○		○

※1．特定防火対象物
　2．寄宿舎，下宿，共同住宅（（5）項ロ）
　3．公衆浴場（（9）項ロ）
　4．工場，作業場，映画スタジオなど（（12）項）
　5．事務所など（（15）項）
（注：（7）項の学校や（8）項の図書館などの廊下，通路には設置義務はないので，注意）

　この建物は，令別表第1第15項の防火対象物に該当するので，設問2の無窓階，設問3の地階，設問4の12階とも，表の②に該当し，原則として，煙感知器の設置

義務がある場所になります。

　よって，１階に設置した**差動式スポット型感知器（２種）**の代わりに**煙感知器（２種）**を設置し，その他の湯沸室，バッテリー室，廊下などは１階と同じ感知器になります。

問２の解答・解説

●|問２の解答|●

a	b	c	d	e	f	g	h	i	j
2	8	2	11	2	13	2	15	2	2

問２の解説

　凡例より，受信機はＰ型１級であり，一斉鳴動方式であるＰ型１級の配線本数の内訳は次のようになります。

〈IV 線(600 V ビニル絶縁電線)〉	本数
表示線　（L）	1本
●共通線　（C）	1本（７警戒区域ごとに１本ずつ増加する）
●応答線　（A）	1本（発信機の応答ランプ用）
●電話線　（T）	1本（発信機の電話用）
表示灯線（PL）	2本
〈HIV 線（耐熱電線）〉	
ベル線（B）	2本

　これより，各配線本数を求めていきます。

a　aの部分を通る **IV 線**は，警戒区域⑨の表示線（L）１本と共通線（C２）１本の２本になります。

IV 線	本数
表示線　（L）	1本
共通線　（C 2）	1本
計	2本

b　bの部分を通る **IV線**は，警戒区域⑨の表示線（L）1本に警戒区域⑦，⑧の表示線2本の計3本の表示線に共通線（C 2）が1本，応答線（A）が1本，電話線（T）が1本，表示灯線が2本の計**8本**となります。

IV 線	本数
表示線　（L）	3本
共通線　（C 2）	1本
応答線　（A）	1本
電話線　（T）	1本
表示灯線　（PL）	2本
計	8本

c　ベル共通線（B）の2本のみです。
　　なお，一斉鳴動方式のため，c，e，g，iも全て2本となるので，以降のc，e，g，iの解説は**省略**します。

HIV 線	本数
ベル線　（B）	2本
計	2本

d　bの部分に⑤と⑥の表示線（L）各1本の**2本**が加わるのと，⑤から下の階の共通線はC1となるので，C2に加えてC1が通過することになります。
　　従って，**IV線**の本数は，bに比べて，感知器への表示線2本に，この共通線C1をプラスするので，3本増えることになります。

IV 線	本数
表示線　（L）	5本
共通線　（C1，C2）	2本
応答線　（A）	1本
電話線　（T）	1本
表示灯線（PL）	2本
計	11本

f　dの部分に③と④の表示線 (L) 各1本の2本が加わるだけなので，本数の合計は13本となります。

IV 線	本数
表示線　（L）	7本
共通線　（C1，C2）	2本
応答線　（A）	1本
電話線　（T）	1本
表示灯線（PL）	2本
計	13本

h　fの部分に①と②の表示線 (L) 各1本の2本が加わるだけなので，合計15本となります。

IV 線	本数
表示線　（L）	9本
共通線　（C1，C2）	2本
応答線　（A）	1本
電話線　（T）	1本
表示灯線（PL）	2本
計	15本

以上をまとめると，次の表のようになります。

電線	配線 \ 場所	RF~4F a	4F~3F b	3F~2F d	2F~1F f	1F~受信機 h
IV	表示線 （L）	1	3	5	7	9
	共通線 （C）	1	1	2	2	2
	応答線 （A）		1	1	1	1
	電話線 （T）		1	1	1	1
	表示灯線 （PL）		2	2	2	2
	計	2	8	11	13	15

		c	e	g	i
HIV	ベル線　（B）	2	2	2	2
	計	2	2	2	2

　最後に，2Fで単独で地区音響装置(B)に接続されている配線jは，機器収容箱内の地区音響装置の他に別個に設けられたものであり，機器収容箱内の地区音響装置とは並列接続となるので，**2本**の配線となります（作図の際は，2本の斜線を入れる）。

　さて，以上でセオリーどおりの本数計算の説明は終了になりますが，ここで，この系統図における本数計算のコツとでも言うような説明を一つ付け加えておきたいと思います。

　まず，問2の系統図を見てください。

　各部分における本数にかかわってくるのは，次の部分です。

（1）　感知器への配線

　これには，表示線と共通線の**2本**の**IV**線が必要になります。この感知器への配線は下の階へ行くほど，本数が「**警戒区域の数だけ増える**」ことになります。

　その計算方法は，**共通線＋表示線**になりますが，表示線の方は，「その地点から上の階を見てカウントした警戒区域数」です。

　たとえば，(d)の地点なら，「その地点から上の階を見てカウントした警戒区域数」は⑤，⑥，⑦，⑧，⑨の5本になるので，感知器のIV線は，この5本に共通線の本数2本を加えた**7本**ということになります。

　なお，この本数が増減するのは，この**感知器への配線**と地区音響装置が**区分鳴動方式**の場合だけになります。

（2）　機器収容箱内の機器への配線

　図を見ると，**発信機，表示灯，地区音響装置**が収容されています。

　発信機には電話線と応答線の**2本**の**IV線**，**表示灯**にも**2本**の**IV線**が必要になります。この両者は**2本**のままです。

　そして，最後の**地区音響装置**だけが**HIV線**になり，同じく**2本**必要になります。

　以上が基本的な配線本数になります。

（IV線）

発信機	2本
表示灯	2本

（HIV線）

地区音響装置	2本

　次に，（1）で出てきた**区分鳴動方式**のほか**電線の種別**が変化する場合について説明いたします。

（3）　地区音響装置の区分鳴動方式による本数増加

　地階を除く階数が**5以上**，延べ面積が**3000 m²を超える**場合は区分鳴動方式とする必要がありますが，その場合は，ベル共通線とベル区分線に分けて考えます。

　ベル共通線は**1本**のままですが，ベル区分線は，機器収容箱がある最上階（本問では4F）で1本となり，下の階へ降りるほど1本ずつ増えていきます。

（4）　地区ベル線の種別変化

　「発信機及び表示灯が屋内消火栓設備と兼用する」という条件があれば，**IV線**が**HIV線**に変わります。

　以上より，問題の系統図，（a）の計算をしてみると，（1）の**2本**だけで，機器収容箱がないので，（2）は0になります。

　よって，**IV線2本**のみとなります。

　次に，（b）ですが，「その地点から上の階を見てカウントした警戒区域数」は3なので，表示線は**3本**，共通線は**1本**。あとは機器収容箱内への配線本数になり，（2）の**発信機**の**2本**，**表示灯**の**2本**の計**8本**の**IV線**になります。

　このようにして順次計算していきます。

　なお，本問は，上記のうち，（1）と（2）の条件だけで済みましたが，（3）や（4）の条件が加わった場合も，問題を何回も解答していくうちに理解できるものと思います。

第2回

第2回目の問題

第2回目の問題

【問1】　図2－1の防火対象物の階段及びエレベーター昇降路に，次の条件に
基づき，感知器を設置しなさい。　　　　　　　　　　　　　　　（解答⇒P. 47）

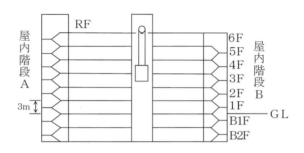

図2－1　階段及びエレベーター昇降路

<条件>

1．主要構造部は耐火構造とする。

2．各階の高さは3mである。

3．エレベーターの昇降路の上部には機械室があり，その機械室の床面には開
　口部分があるものとする。

4．感知器は次の種別のうちから適切なものを使用するものとする。

<凡例>

S	光電式スポット型感知器（1種非蓄積型）
⌒	差動式スポット型感知器（2種）
◯	定温式スポット型感知器（1種）

【問2】

　図2−2は，消防法施行令別表第1（14）項に該当する倉庫に設置された自動火災報知設備の系統図を示したものである。次の各設問に答えなさい。

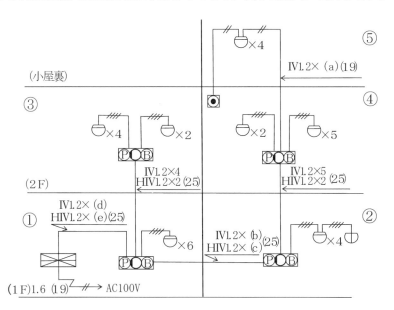

図2−2　自動火災報知設備の系統図

＜凡例＞

記号	名　　称	備　　考
▽	差動式スポット型感知器	2種
▽	定温式スポット型感知器	1種防水型
Ⓟ	P型発信機	2級非蓄積型
◐	表示灯	AC 24 V
Ⓑ	地区音響装置	DC 24 V
□	機器収容箱	
◉	回路試験器	
Ⓝ	警戒区域番号	①〜⑤
▨	受信機	

※配線の本数及び耐火・耐熱保護は，必要最少本数である。

設問 1　系統図中に「IV」及び「HIV」の記号で示した電線の種類の名称を答えなさい。　　　　　　　　　　　　　　　　　　（解答⇒P.48）

解答欄

IV	
HIV	

設問 2　系統図中 a, b, c で示した部分の配線本数を答えなさい。（解答⇒P.48）

解答欄

a	本
b	本
c	本

設問 3　系統図中 d, e で示した部分の配線の内訳について，解答欄に示す本数に該当する配線の名称を答え，かつ，e で示す配線は機器収容箱内の何に接続されているかも答えなさい。　　　　　　　　　　　　　　　　（解答⇒P.48）

解答欄

d	①		5 本
	②		1 本
	③		2 本
e	④		2 本
e の接続先			

設問 4　この自動火災報知設備の受信機の型式種別及びそのように判断した理由（明確に判断できるもの）を 2 つ答えなさい。　　　　　　（解答⇒P.48）

解答欄

受信機の型式種別	
判断理由	・ ・

問1の解答・解説

●問1の解答●

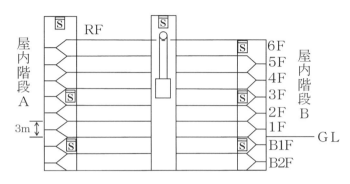

図2-3　問1の解答例

問1の解説

　階段（エスカレーター含む）や傾斜路，エレベーターの昇降路およびパイプダクトなどの，いわゆる，たて穴区画には，**煙感知器（光電式分離型を除く）**をその**最頂部**に設置しなければならないので，条件より，**光電式スポット型感知器（1種非蓄積型）**を設置することにします。

　また，その場合の設置基準は次のようになっています。

垂直距離 15 m（3種は 10 m）につき1個以上設けること。

　なお，階段や傾斜路には地階が1階までの場合と2階以上ある場合では，警戒区域の設定が異なってきますので，注意が必要です。

本問の場合は，「地階が2階以上ある場合」に該当するので，地上階と地下階は別の警戒区域となります。

　よって，各階の高さが3mであるのを考慮して，図2-3のように，地下の階については，1個設置しますが，地上の階については，

$3 \times 5 = 15$（m）より，

5Fまでカバーできるので，5Fと最上階・・・でもよいのですが，「感知器の均等配置」の原則より，階段Aについては，3FとRF，階段Bについては，3Fと6Fに設置しておきます。

　また，エレベーターの昇降路やパイプダクトなどに設ける場合は（ただし，水平断面積が１m²以上の場合に限ります。従って，１m²未満の場合は省略することができます），その**最頂部**に設けますが，エレベーター昇降路の場合，エレベーター昇降路の頂部と機械室の間に開口部があれば，機械室の方に設置することができるので，図のように，**機械室**に設置しておきます。

　なお，屋外階段については，外部の気流が流通する場所で，感知器によってはその場所における火災の発生を有効に感知することができないため，設置する必要はありません。

問２の解答・解説

●問２　設問１〜設問４の解答●

設問１

IV	600Vビニル絶縁電線
HIV	600V２種ビニル絶縁電線

設問２

a	2	本
b	6	本
c	2	本

設問３

d	① 表示線	5本
	② 共通線	1本
	③ 表示灯線	2本
e	④ ベル線	2本
eの接続先	地区音響装置	

設問４

受信機の型式種別	P型２級受信機
判断理由	・回路の末端に回路試験器が接続されている。 ・P型２級発信機が使用されている。

問 2　設問 1〜設問 4 の解説

設問 1　（省略）

設問 2　警戒区域が 5 で，回路の末端に回路試験器があることから，受信機は P 型 2 級受信機ということになります。

P 型 2 級の配線本数については，次のようになります。

2 級の配線

〈IV 線〉	本数
表示線　（L）	1 本
共通線　（C）	1 本
表示灯線（PL）	2 本
	計 4 本
〈HIV 線〉	
ベル線　（B）	2 本

（注：2 級の場合の地区音響装置は，**一斉鳴動**のみ）

a　a の部分を通る IV 線は，警戒区域⑤の表示線（L）1 本と共通線（C）が 1 本の計 2 本となります。

IV 線	本数
表示線　（L）	1 本
共通線　（C）	1 本
計	2 本

b　b の部分を通る IV 線は，警戒区域⑤，警戒区域④，警戒区域②の表示線（L）各 1 本の計 3 本と共通線が 1 本，そして，表示灯線が 2 本の計 6 本になります。

IV 線	本数
表示線　（L）	3 本
共通線　（C）	1 本
表示灯線（PL）	2 本
計	6 本

C　cの部分を通る HIV 線のベル線は2本になります。

HIV 線	本数
ベル線　（B）	2本
計	2本

　設問3　設問2と同じように計算すると，dの部分を通る IV 線は，b の IV 線に警戒区域③と①の表示線（L）が加わるので，表示線（L）は，3+2=5本になります。
　従って，配線の内訳は次のようになります。

IV 線	本数
表示線　（L）	5本
共通線　（C）	1本
表示灯線　（PL）	2本
計	8本

　よって，5本部分は**表示線**，1本部分は**共通線**，2本部分は**表示灯線**になります。
　次に，eの部分を通る HIV 線は，全警戒区域共通のベル線**2本**になります。
　また，eの接続先については，ベル（地区音響装置）になります。

　設問4　設問2の解説より，回路の末端に**回路試験器**が接続されていることと，凡例に**P型2級発信機**が表示されており，P型2級発信機に接続できるのはP型2級受信機であるため，受信機の型式種別は**P型2級受信機**になります（警戒区域数が5であるのは，P型1級受信機でも可能なので，「明確な理由」にはならない）。

　なお，今回はP型2級受信機でしたが，P型1級受信機の場合は，応答線（A）1本と電話線（T）1本が追加されます。
つまり，表示線に共通線（C）：1本，応答線（A）：1本，電話線（T）：1本，表示灯線（PL）：2本となります。
仮に左右の系統とも7警戒区域なら，図のdの受信機に入る配線は，共通線各1本の計2本となり，あとは表示線に上記下線部の本数の配線が入るだけです。

第3回

第3回目の問題

第3回目の問題

【問1】 次の図3−1は，5階建ての建物の3階部分にある消防法施行令別表第1，第1項ロに該当する結婚式場の平面図である。次の各設問に答えなさい。

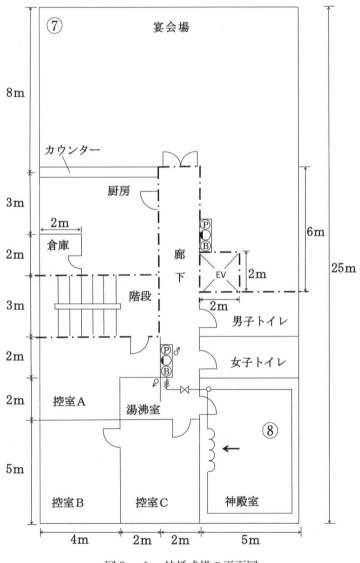

図3−1　結婚式場の平面図

設問1 警戒区域⑦に自動火災報知設備を設置する場合，次の条件に基づき，凡例記号を用いて設備図を完成させなさい。 (解答⇒P.56)

設問2 警戒区域⑧に自動火災報知設備を設置する場合，次の条件に基づき，凡例記号を用いて設備図を完成させなさい。 (解答⇒P.56)

設問3 神殿室に設置されている差動式分布型感知器の空気管を矢印のように施工する理由を答えなさい。 (解答⇒P.57)

＜条件＞

1．主要構造部は耐火構造である。
2．会場と厨房の天井の高さは4.2 mで，その他は3.8 mである。
3．会場と厨房の間にあるカウンター上には，1 mの垂れ壁がある。
4．受信機は，P型1級受信機が別の階に設置してあり，機器収容箱から受信機までの配線は省略してよい。
5．階段室は別の階で警戒している。
6．神殿室には，差動式分布型感知器（空気管式）が設置されている。
7．立上がりの配線本数等の記入は，省略してもよい。
8．発信機等の必要機器及び終端抵抗は，機器収容箱内に設置するものとする。
9．機器収容箱間の配線は省略するものとする。
10．感知器の設置は，法令基準に基づいて，必要最少個数を設置すること。

<凡例>

記号	名　　称	備　　考
⊖	差動式スポット型感知器	2種
◯₀	定温式スポット型感知器	特種
◯	定温式スポット型感知器	1種防水型
S	煙感知器	光電式2種
Ⓟ	P型発信機	1級
◗	表示灯	AC 24 V
Ⓑ	地区音響装置	150φ DC 24 V
▭	機器収容箱	Ⓟ◗Ⓑを収容
Ω	終端抵抗	
—／／—	配　線	2本
—／／／—	配　線	3本
—／／／／—	配　線	4本
♂ ♀	同上立上がり引下げ	
— — —	警戒区域境界線	
(No)	警戒区域番号	

設問3

解答欄

【問2】 次の図3－2は，階段区画に設置された煙感知器の系統図である。(A)
～（C）に感知器回路の配線本数を記入しなさい。 （解答⇒P.61）

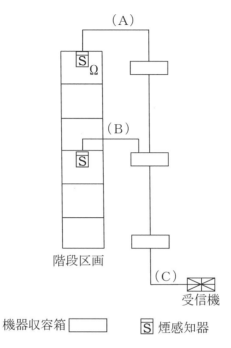

図3－2 煙感知器の系統図

解答欄

A	B	C
本	本	本

問1の解答・解説

● 問1　設問1，設問2の解答 ●

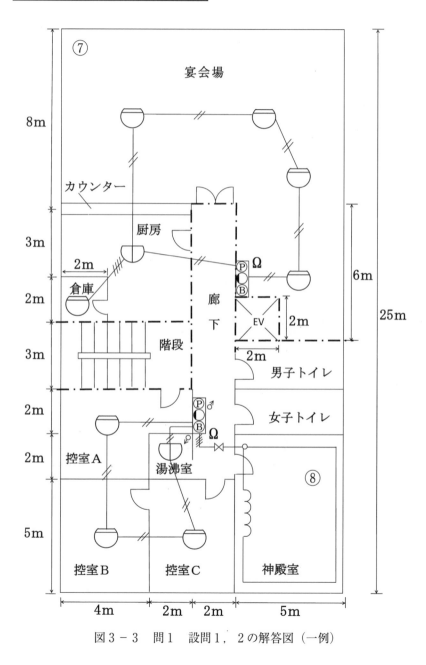

図3-3　問1　設問1，2の解答図（一例）

●問1　設問3の解答●

空気管1本の露出部分は，感知区域ごとに20m以上必要なため。

問1　設問2，設問3の解説

設問1　第1回の【問1】にある製図の解答の手順（P.34）と同様に考えます。

（1）と（2）（警戒区域と機器収容箱）は，すでに決められているので，次の製図の手順（3）から説明していきたいと思います。

（3）　感知器を設置しなくてもよい場所を確認する

警戒区域⑦には該当する部分はありません。

（4）　各室に設ける感知器の種別，および個数の割り出し

①　感知器の種別

＜煙感知器でなければならない部分の確認（⇒P.233）＞

この結婚式場（1項ロ）は，煙感知器の設置義務がある巻末資料2（P.233）の表の②にある地階，無窓階および11階以上の階には該当せず，また，階段部分も別の階で警戒しているので，煙感知器の設置義務があるところはありません。

＜熱感知器でなければならない部分の確認＞

まず，カウンターの上には1mの垂れ壁（はり）があるので，感知区域の定義，

『壁，または取り付け面から0.4m以上（差動式分布型と煙感知器は0.6m以上）突き出したはりなどによって区画された部分』

より，0.4m以上で区画されるので，1mのはりでは，会場と厨房は別の感知区域となることを確認しておきます。

さて，その会場および倉庫には**差動式スポット型感知器(2種)**，厨房には**定温式スポット型感知器（1種防水型）**を設置します。

②　感知器の個数

＜煙感知器（2種）の場合＞

省略

＜熱感知器の場合＞

1．差動式スポット型感知器（2種）

差動式スポット型感知器（2種）の感知面積は次のようになります。

（4 m 未満）　　　4 m　　　（4 m 以上）
─────────── | ───────────
① **耐火**：70 m²　　② **耐火**：35 m²
　その他：40 m²　　　　その他：25 m²

・**宴会場**

　天井高は 4.2 m なので，感知面積は **35 m²** となります。

　床面積は，

　$(13 \times 8) + (5 \times 6) - (2 \times 2) = 130$ m² なので，

　$130 \div 35 = 3.71$……より，繰り上げて **4個**設置します。

・**倉庫**

　天井高は 3.8 m なので，感知面積は **70 m²** となります。

　よって，床面積は 4 m² なので，**1個**設置します。

2．定温式スポット型感知器（1 種防水型）

　定温式スポット型感知器（1 種防水型）の感知面積は次のようになります。

（取り付け面の高さ）

（4 m 未満）　　　4 m　　　（4 m 以上）
─────────── | ───────────
① **耐火**：60 m²　　② **耐火**：30 m²
　その他：30 m²　　　　その他：15 m²

・**厨房**

　厨房の天井高は，4.2 m なので，感知面積は耐火で 4 m 以上となり，感知面積は **30 m²** となります。

　床面積は，$(6 \times 5) - (2 \times 2) = 26$ m² なので，1 個の設置で十分ということになります。

（5）　回路の末端の位置を決めて配線ルートを決め，配線をする

　条件8より，終端抵抗が機器収容箱内に設けてあるので，末端はこの終端抵抗となります。

　よって，機器収容箱から出発した配線は，機器収容箱内の発信機を経てこの終端抵抗で終了する必要があります。

　そこで，配線ルートですが，ここでは，解答例のようなルートをとって配線しました（他のルートでも，法令の基準に適合していれば正解になります）。

最後に，それぞれの本数に応じた斜線を感知器間などに記し，機器収容箱付近に終端抵抗のマーク（Ω）を表示して終了です。

なお，解答例では，厨房から倉庫までは往復の4芯線となっていますので，注意してください。

設問2　製図の解答の手順（P.34）（3）から説明していきます。

（3）感知器を設置しなくてもよい場所を確認する

　男子トイレと女子トイレが該当するので，感知器の設置を省略しておきます。

（4）各室に設ける感知器の種別，および個数の割り出し

　①　感知器の種別

＜煙感知器でなければならない部分の確認（→P.233）＞

　　煙感知器の設置義務があるのは，廊下のみとなりますが，図から廊下の歩行距離は9mとなるので10m以下の場合は煙感知器の設置義務はなく，よって，省略します。

＜熱感知器でなければならない部分の確認＞

　　控室A～Cには差動式スポット型感知器（2種），湯沸室には定温式スポット型感知器（1種防水型），条件6より神殿室には差動式分布型感知器（空気管式）を設置します。

　②　感知器の個数

＜煙感知器（2種）の場合＞

　設置義務はないので省略します。

＜熱感知器の場合＞

　1．差動式スポット型感知器（2種）

　　差動式スポット型感知器（2種）の感知面積は次のようになります。

（4m未満）　　　4m　　（4m以上）

————————｜————————

①　耐火：70 m²　　②　耐火：35 m²
　その他：40 m²　　　その他：25 m²

　　天井高は3.8mなので，感知面積は **70 m²** となります。

（感知面積は **70 m²**）

・控室A

床面積は，（4×4）＋（2×2）＝20 m²なので，1個を設置します。

・控室 B，C

床面積は，4×5＝20 m² なので，各1個を設置します。

2．定温式スポット型感知器（1種防水型）

定温式スポット型感知器（1種防水型）の感知面積は次のようになります。

（取り付け面の高さ）

（4 m 未満）　　　 4 m　　 （4 m 以上）
—————————————— | ——————————————

① **耐火：60 m²**　　　② 耐火：30 m²
その他：30 m²　　　　その他：15 m²

・湯沸室

天井高は，3.8 m なので感知面積は耐火で4 m 未満となり，感知面積は **60 m²** となります。

床面積は 2×2＝4 m² なので **1個設置**で十分ということになります。

・神殿室

「一つの検出部に接続する空気管の長さは **100 m 以内**とする」

という差動式分布型(空気管式)の基準より，図の場合，100 m 以内に収まるので，解答例のように布設して，検出部のマークを記しておきます。

なお，「空気管の露出部分は感知区域ごとに **20 m 以上**とすること」

という基準より，図の場合そのまま布設すると 20 m 未満となるので，解答例のように一部をコイル巻きにしておきます。

（5）回路の末端の位置を決め配線ルートを決め，配線をする

設問1同様，機器収容箱内に設けてある終端抵抗が末端となります。

廊下の煙感知器がないので，今回は解答例のように機器収容箱から控室を経て湯沸室から機器収容箱へと配線するルートを取りました（機器収容箱に戻った配線は空気管の検出部へと配線し，最後は終端抵抗が接続された発信機へと配線します）。

なお，空気管の検出部のマークと終端抵抗のマークも忘れずに記しておきます。

問2の解答・解説

●問2の解答●

A	B	C
2　本	4　本	2　本

問2の解説

　まず，階段への配線ですが，下図（イ）のような，機器収容箱から階段までの配線を無視すれば，図（ア）のように，受信機から最上階の階段にある終端抵抗まで2本（表示線Lと共通線C）を配線しているだけということがわかります。

　よって，この図より，（A），（C）とも2本ということになります。

　また，（B）のように，途中の階の配線で機器収容箱から階段へ配線する場合は，図（イ）の（B）部分に該当するので，（B）は4本ということになります。

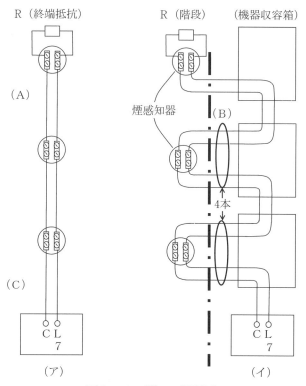

図3－4　問2の解説図

第4回

第4回目の問題

第4回目の問題

【問1】　次の図4－1は，自動火災報知設備を設置した8階建て事務所ビルの3階部分である。次頁の条件に基づき，次の各設問に答えなさい。

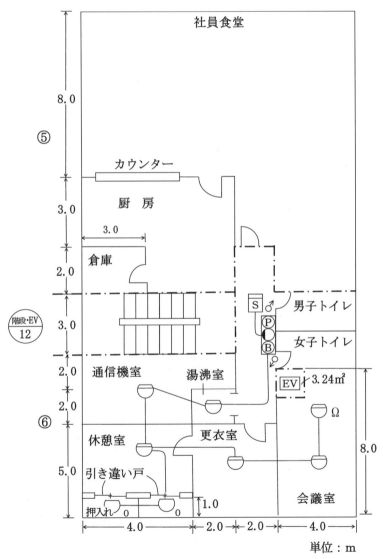

図4－1　8階建て事務所ビルの3階部分

設問1　警戒区域⑤の配線回路を，示された凡例記号のみを用いて完成させなさい。

　　なお，配線経路は，機器収容箱⇒社員食堂⇒厨房⇒倉庫とする。

（解答⇒P.70）

設問2　警戒区域⑥にすでに記入されている感知器の誤り（感知器の種別及び過不足）3箇所を指摘し，かつ，配線本数を示された凡例記号のみを用いて記入しなさい。

（解答⇒P.71）

解答欄

1	
2	
3	

＜条件＞

1．主要構造部は，耐火構造であり，各階とも無窓階には該当しない。
2．天井の高さは，社員食堂にあっては4.5m，その他の部分はすべて3.5mである。
3．厨房カウンター上部には，1.5mの垂れ壁がある。
4．受信機は，P型1級受信機を使用し，別の階に設置してあるものとする。
5．階段室は，別の階で警戒している。
6．押入れ部分の天井と側壁は木材で出来ているものとする。
7．感知器は必要最少個数を設置するものとする。
8．煙感知器は，これを設けなければならない場所以外には設置しないこと。

＜凡例＞

記号	名　　称	備　　考
⊖	差動式スポット型感知器	2種
⊖₀	定温式スポット型感知器	特種
⏀	定温式スポット型感知器	1種防水型
Ⓢ	光電式スポット型感知器	2種非蓄積型
Ⓟ	P型発信機	1級
◗	表示灯	AC 24 V
Ⓑ	地区音響装置	DC 24 V
▭	機器収容箱	Ⓟ◗Ⓑを収容
Ω	終端抵抗	
—//—	配　線	2本
—///—	配　線	3本
—////—	配　線	4本
↑ ↓	配線立上り引下げ	
— — —	警戒区域境界線	
(No)	警戒区域番号	

【問2】

　図4-2は，4階建ての防火対象物に設置した自動火災報知設備の平面図を示したものである。

　この平面図より，図4-3（P.69）に示した未記入の系統図の1階から3階部分までを凡例に従って完成させなさい。

　なお，受信機については，省略するものとする。　　　　　　（解答⇒P.74）

<凡例>

記号	名　　　称	備　　　考
⊖	差動式スポット型感知器	2種
⊖	定温式スポット型感知器	1種防水型
S	光電式スポット型感知器	2種非蓄積型
▭	機器収容箱	℗〇Ⓑを収容
Ω	終端抵抗	
—//—	配　　線	2本
—///—	配　　線	3本
—////—	配　　線	4本
♂　♀	配線立上り引下げ	
— — —	警戒区域境界線	
(No)	警戒区域番号	

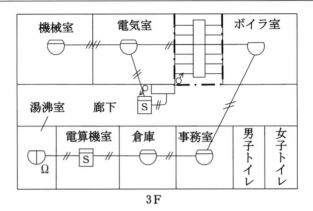

3 F

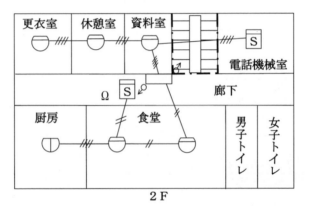

2 F

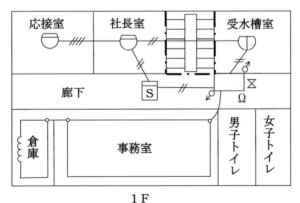

1 F

図 4 - 2　　4 階建ての防火対象物に設置した
自動火災報知設備の平面図

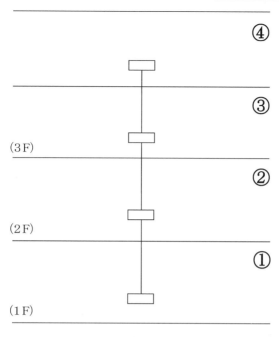

図4-3　未記入の系統図

問１の解答・解説

●問１　設問１の解答●

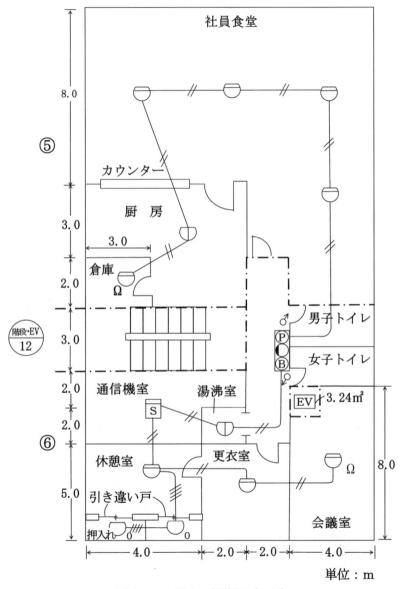

図４－４　問１の解答図（一例）

●問1　設問2の解答●

解答欄

1	通信機室の感知器を煙感知器に訂正する。
2	湯沸室の感知器を定温式スポット型感知器（1種防水型）に訂正する。
3	会議室の設置個数を1個に訂正する。

問1　設問1，設問2の解説

設問1

＜製図の解答の手順＞（P.34）

（1）〜（3）は既に指定されているので，（4）から解説します。

（4）各室に設ける感知器の種別，および個数の割り出しをする

① 感知器の種別

社員食堂と倉庫には差動式スポット型感知器(2種)，厨房には定温式スポット型感知器（1種防水型）を設置します。

② 感知器の個数

まず，厨房カウンター上部には，1.5mの垂れ壁があるので，社員食堂と厨房は別の感知区域になることを確認しておきます（⇒感知区域は0.4m以上（差動式分布型と煙感知器は0.6m以上）の「はり」で区画される）。

1．差動式スポット型感知器（2種）の場合

差動式スポット型感知器（2種）の感知面積は次の通りです。

（4m未満）　　　4m　　　（4m以上）
────────────｜────────────
耐火：70㎡　　　　　　　耐火：35㎡
その他：40㎡　　　　　　その他：25㎡

・社員食堂

天井高は4.5mなので，感知面積は**35㎡**となります。

床面積は，

$$\{(4+2+2+4)×8\}+(6×3)+(4×2)$$
$$=96+18+8=122\,㎡\quad となるので，$$

$122÷35=3.48……$より，繰り上げて**4個**設置します。

・**倉庫**

天井高は3.5mなので，感知面積は **70㎡** となります。

床面積は6㎡なので，1個の感知面積で十分カバーでき，**1個**を設置します。

２．定温式スポット型感知器（１種防水型）の場合

（取り付け面の高さ）

（4m未満）　　　4m　　（4m以上）

――――――――|――――――――

耐火：60㎡　　　　　　耐火：30㎡

その他：30㎡　　　　　その他：15㎡

・**厨房**

天井高は3.5mなので，感知面積は **60㎡** となります。

床面積は，$(6×5)-6=24㎡$ となるので，1個を設置します。

　　　　　　└倉庫の床面積

（５）回路の末端の位置を決めて配線ルートを決め，配線をする

設問の条件より，配線経路は，

機器収容箱⇒社員食堂⇒厨房⇒倉庫なので，今回は解答例のように配線しました。

なお，受信機がP型1級なので，末端の倉庫に**終端抵抗**を設置しておくことと，配線本数を示す斜線を忘れずに記しておきます（すべて4本往復配線で，機器収容箱に終端抵抗を設置してもよい）。

設問2

１．感知器の種別と個数

巻末資料3（P.234）より，通信機室は煙感知器，湯沸室は定温式スポット型感知器（1種防水型）なので，誤り。　（×が2つ）

また，休憩室にある押入れは，一般的に**定温式スポット型感知器（特種）**を設置するので適切であり，その他も**差動式スポット型感知器（2種）**なので適切です。

次に，設置個数ですが，天井高が3.5mなので，設問1の解説より，感知面積は，差動式スポット型感知器（2種）が **70㎡**（P.71下），定温式スポット型感知器（1種）が **60㎡**（P.72）になります。

また，煙感知器は，次のとおりです。

・**煙感知器（2種）**

（取り付け面の高さ）

（4m未満）　　　4m　　　（4m以上）

──────────│──────────

150 m²　　　　　　　　75 m²

従って，天井高が3.5mなので，感知面積は150 m²になります。

以上より，各部屋の設置個数を確認しておきます。

1．差動式スポット型感知器（2種）の場合

（感知面積：70 m²）

・**休憩室**

床面積が，(4×5)−4＝16 m²なので，1個で正しい。

└押入れの床面積

・**更衣室**

床面積が，4×5＝20 m²なので，1個で正しい。

・**会議室**

床面積が，(4×8)−3.24＝28.76 m²なので，1個設置で十分になります。

　　よって，条件7より，感知器は必要最少個数を設置するので，**2個を1個に訂正します。**　（×）

2．定温式スポット型感知器（1種防水型）の場合

（感知面積：60 m²）

・**湯沸室**

床面積が，2×2＝4 m²なので，1個で正しい。

3．煙感知器（2種）

（感知面積：150 m²）

・**通信機室**

床面積が，(6×4)−4＝20 m²なので，1個で正しい。

└湯沸室の床面積

　なお，警戒区域⑥の廊下は「階段までの歩行距離が10 m以下の廊下」に該当するので，条件8より，設置する必要はなく，削除します。　（×）

２．配線本数

　出発点の機器収容箱から会議室までのメインルートは２本なので２本の斜線，休憩室から押入れのルートは往復の４本になるので，４本の斜線を記しておきます。
　以上より，問題の図を訂正すると，解答例のような図になります。

問２の解答・解説

●問２の解答●

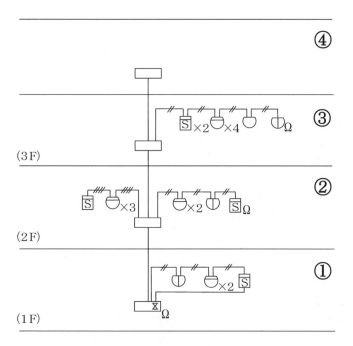

図４－５　問２の解答図（一例）

問2の解説

平面図から系統図を作成する場合，次の原則に従います。

＜平面図から系統図を作成する場合の手順＞

（1）機器収容箱から近い感知器から順に並べてゆく

（2）感知器の個数は，同じ種類の感知器をひとまとめにして，横に小さく表示する（1個の場合は省略）

（3）系統図に終端抵抗の表示はしなくてよい（ただし，本試験では，一般的に表示されているので，本書においても表示してあります）

（4）配線本数の表示（斜線）は機器収容箱と接続する部分のみ（ただし，本試験では，一般的に全ての感知器間にも表示されているので，本書においても表示してあります）

まず，1Fですが，上の原則どおり記入すると，解答例のようになります。

この場合，注意が必要なのは，社長室から応接室に分岐している配線は，右側のルートに組み入れることと，廊下の煙感知器が末端ではなく，廊下の煙感知器から機器収容箱まで戻り，そこに終端抵抗を接続して末端となっているので，廊下の煙感知器から機器収容箱まで戻る線も記入し，かつ，その配線本数（2本）の斜線も記入しておきます。

なお，差動式分布型感知器（空気管式）の検出部が機器収容箱内にあるので，その表示と終端抵抗の記号も表示しておきます。

2Fは，廊下の煙感知器に終端抵抗を接続して末端になっていますが，配線ルートが機器収容箱から更衣室，電話機械室とまわって機器収容箱にいったん戻り，再び食堂から廊下の煙感知器まで配線しているので，上のルートを左側に記入し，下のルートを右側に記入して配線します。

3Fは，機器収容箱から湯沸室まで，一つのルートのみなので，すべて右側のルートに組み入れて記入しておきます。

第5回

第5回目の問題

第5回目の問題

【問1】　次の図5－1は，小学校の1階部分の平面図である。次の各設問に答え
なさい。

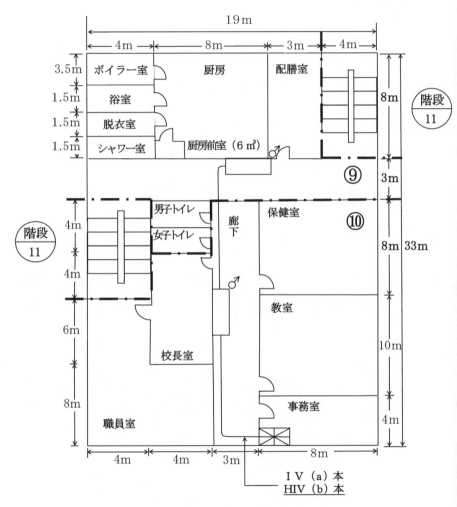

図5－1　小学校の1階部分の平面図

設問1　警戒区域⑨に自動火災報知設備を設置する場合，次の条件に基づき，凡例記号を用いて設備平面図を完成させなさい。なお，送り配線は2本で配線するものとする。

（解答⇒P.83）

設問2　警戒区域⑩に自動火災報知設備を設置する場合，次の条件に基づき，凡例記号を用いて設備平面図を完成させなさい。なお，送り配線は4本で配線するものとする。

（解答⇒P.83）

設問3　矢印で示した部分のIV線とHIV線の本数，（a）（b）を答えなさい。

（解答⇒P.83）

解答欄

（a）	本
（b）	本

<条件>

1. 主要構造部は，耐火構造であり，無窓階には該当しない。
2. 天井面の高さは，厨房と厨房前室が4.3m，その他の部分が3.8mである。
3. 受信機は，P型1級受信機を使用し，警戒区域数は11あるものとする。
4. 階段室は，別の階で警戒している。
5. 機器収容箱には，ベル，表示灯，発信機及び終端抵抗を収納すること。なお，ベル（地区音響装置）は一斉鳴動方式とする。
6. 発信機及び表示灯は屋内消火栓設備と兼用するものとする。
7. 機器収容箱間の配線本数の表示は省略するものとする。
8. 煙感知器は，これを設けなければならない場所以外は設置しないものとする。
9. 感知器は必要最少個数設置するものとする。

＜凡例＞

記号	名　　称	備　　考
⊖	差動式スポット型感知器	2種
⊖	定温式スポット型感知器	1種
⊖	定温式スポット型感知器	1種防水型
S	煙感知器	2種
P	P型発信機	1級
◖	表示灯	AC 24 V
B	火災警報ベル	DC 24 V
▭	機器収容箱	PⒷを収容
Ω	終端抵抗	
─//─	配　線	2本
─///─	配　線	3本
─////─	配　線	4本
⌀	配線立上げ	
─ ─ ─	警戒区域境界線	
(No)	警戒区域番号	

【問2】

　図5−2（P.82）は，耐火構造の共同住宅に設けられた自動火災報知設備の系統図の一部である。次の条件に基づき。各設問に答えなさい。

<条件>

1．警戒区域数は3とすること。
2．各階の感知器の種別および個数は次のとおりとする。
（1）　1階　定温式スポット型感知器（1種）……………………5個
　　　　　　定温式スポット型感知器（1種防水型）……………4個
　　　　　　差動式スポット型感知器（2種）…………………14個
（2）　2階　煙感知器（2種）………………………………… 3個
　　　　　　差動式スポット型感知器（2種）………………14個
　　　　　　定温式スポット型感知器（1種）…………………5個
　　　　　　定温式スポット型感知器（1種防水型）……………3個
（3）　3階　煙感知器（2種）………………………………… 2個
　　　　　　差動式スポット型感知器（2種）………………12個
　　　　　　定温式スポット型感知器（1種防水型）……………6個
3．機器収容箱には，発信機，表示灯及び地区音響装置を収納すること。
4．主音響装置は，受信機に内蔵されている。
5．発信機は，P型2級発信機を使用すること。

設問1　この系統図を凡例記号を用いて完成させなさい(a〜fの配線本数を除く)。
　　　なお，感知器の表示の順については，条件に記されている順のとおりとする。
　　　　　　　　　　　　　　　　　　　　　　　　　　　　　　　（解答⇒P.88）

設問2　図中の a~f の配線本数を答えなさい。　　　　　　　　（解答⇒P. 88）

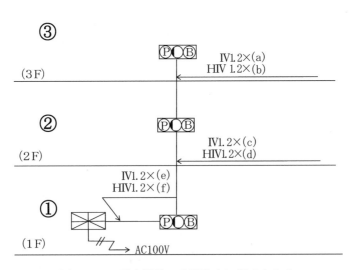

図5－2　耐火構造の共同住宅に設けられた
自動火災報知設備の系統図の一部

＜凡例＞

記号	名　称	備　考
▷◁	受信機	Ｐ型２級５回線主ベル内臓
▢	機器収容箱	
▽	差動式スポット型感知器	２種
Ⓘ	定温式スポット型感知器	１種防水型
◯	定温式スポット型感知器	１種
Ⓢ	煙感知器	２種
Ⓟ	発信機	Ｐ型２級
◖	表示灯	AC 24 V
Ⓑ	ベル（地区音響装置）	DC 24 V
Ω	終端抵抗	
—／／—	配　線	２本
—／／／／—	配　線	４本
⒩ₒ	警戒区域番号	①～③

解答欄

a	b	c	d	e	f

問1の解答・解説

●問1　設問1，設問2の解答●

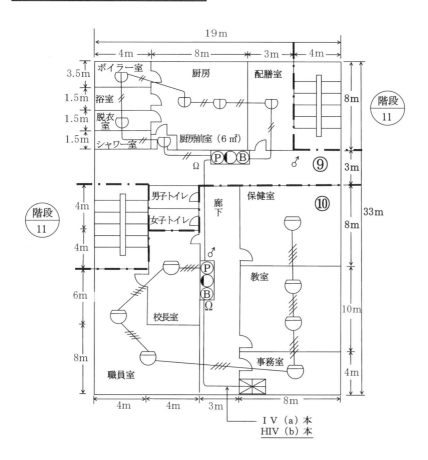

●問1　設問3の解答●

図5-3　問1の設問1.2の解答図（一例）

(a)	15　本
(b)	4　本

問1　設問1，設問2，設問3の解説

設問1　製図の解答の手順（P.34）より，（1），（2）は指定されているので，それ以降を確認します。

（3）感知器を設置しなくてもよい場所を確認する

　トイレ，浴室など常に水を使用する部屋は感知器の設置を省略できるので，男子トイレ，女子トイレ，シャワー室，浴室が該当します。

　また，本問は，令別表第1（7）項の学校に相当するので，廊下の煙感知器の設置義務はなく，省略します。

（4）各室に設ける感知器の種別，および個数の割り出しをする

①　感知器の種別

　　巻末資料3（P.234）より，ボイラー室，配膳室，厨房前室には**定温式スポット型感知器（1種）**でもよいのですが，凡例に定温式スポット型感知器（1種）は無く，定温式スポット型感知器（1種防水型）しか表示されていないので，**厨房，脱衣室**のほか，この**ボイラー室，配膳室，厨房前室**にも**定温式スポット型感知器（1種防水型）**を設置しておきます。

②　感知器の個数

1．定温式スポット型感知器（1種）の場合

定温式スポット型（1種）の感知面積

（取り付け面の高さ）

（4m未満）	4m	（4m以上）

①　**耐火：60 m²**　　　　②　**耐火：30 m²**
　　　その他：30 m²　　　　　　その他：15 m²

　感知面積は，耐火で天井高が厨房と厨房前室が4m以上（4.3m），それ以外は4m未満なので，感知面積は**厨房**と**厨房前室**が**30 m²**，それ以外が**60 m²**となります。

　（感知面積が**30 m²**の室）

　　・**厨房**

　　　床面積が，（8×8）−6＝58 m²となるので，
　　　　　　　　　　　　　└厨房前室の床面積
　　　58÷30＝1.93……より，繰り上げて**2個**を設置します。

・**厨房前室**

　　床面積は6 m²なので，1個の感知面積（30 m²）でカバーでき，1個を設置します。

（感知面積が**60 m²**の室）

・**ボイラー室**

　　床面積は，$4 \times 3.5 = 14$ m²なので，

　　1個の感知面積（60 m²）でカバーでき，1個を設置します。

・**脱衣室**

　　床面積は，$4 \times 1.5 = 6$ m²なので，同じく1個を設置します。

・**配膳室**

　　床面積は，$3 \times 8 = 24$ m²なので，同じく1個を設置します。

（5）　回路の末端の位置を決めて配線ルートを決め，配線をする

　条件の5より，終端抵抗は，機器収容箱内に設置されていることと，問題文より，送り配線は2本で配線しなければならないので，今回は，機器収容箱から出発して図のように1周まわるルートを取り，機器収容箱内の発信機を経て終端抵抗で終了です（法令基準に適合していれば別のルートでもよい）。

　設問2　設問1同様に解説していきます。

　　手順（1），（2）は，指定されているので（3）からの解説です。

（3）　感知器を設置しなくてもよい場所を確認する

　この警戒区域⑩も⑨と同じく，廊下の煙感知器は省略します。

（4）　各室に設ける感知器の種別，および個数の割り出し

　①　感知器の種別

　　巻末資料3（P.234）より，今回は，**差動式スポット型感知器（2種）**のみになります。

　②　感知器の個数

　警戒区域⑩の天井高は，すべて4 m未満なので，差動式スポット型感知器（2種）の感知面積は，巻末資料5（P.236）より，**70 m²**になります。

（感知面積は**70 m²**）

・**校長室**

　　床面積は，$4 \times (4+6) = 40$ m²なので，1個の感知面積（70 m²）でカバーでき，1個を設置します。

・**職員室**

　　床面積は，$(4 \times 14) + (4 \times 8) = 56 + 32 = 88$ m²なので，

$88 \div 70 = 1.25 \cdots\cdots$ より，繰り上げて **2 個**を設置します。

・**保健室**

床面積が，$8 \times 8 = 64 \, \text{m}^2$ となるので，**1 個**を設置します。

・**教室**

床面積は，$8 \times 10 = 80 \, \text{m}^2$ となるので，

$80 \div 70 = 1.14 \cdots\cdots$ より，繰り上げて **2 個**を設置します。

・**事務室**

床面積は，$8 \times 4 = 32 \, \text{m}^2$ となるので，**1 個**を設置します。

（5）　回路の末端の位置を決めて配線ルートを決め，配線をする

条件の 5 より，終端抵抗は，機器収容箱内に設置されていることと，問題文より，送り配線は 4 本で配線しなければならないので，今回は，機器収容箱から出発して保健室までを往復するルートを取り，機器収容箱内の発信機を経て終端抵抗で終了です。

（法令基準に適合していれば別のルートでもよい）。

設問 3　条件の 3 より，受信機は P 型 1 級なので，その IV 線と HIV 線の本数の内訳は，1 警戒区域について下の表のようになります。

なお，基本的に**表示灯線（PL）**は IV 線を用いますが，条件の 6 に，「発信機及び表示灯は屋内消火栓設備と兼用するものとする」とあるので，今回は，**HIV 線**を用いる必要があります。

〈IV 線（600 V ビニル絶縁電線）〉	本数
表示線　（L）	1 本
共通線　（C）	1 本（7 警戒区域ごとに 1 本増加する）
応答線　（A）	1 本（発信機の応答ランプ用）
電話線　（T）	1 本（発信機の電話用）
	計 4 本
〈HIV 線（耐熱電線）〉	
表示灯線（PL）	2 本
ベル線（B）	2 本
	計 4 本

この表を見ながら本数を計算すると，この小学校の警戒区域数は，条件 3 より 11 なので，表示線　(L)は **11 本**になり，共通線は 7 警戒区域まで 1 本なので，**2 本必**

要になります。

応答線 (A), 電話線 (T) は1本ずつ共有なので, **各1本**となります。
よって, IV 線は, 11＋2＋1＋1＝**15本**になります。

次に, HIV 線ですが, 表示灯線 (PL), ベル線 (B) とも, 2本ずつ共有なので, 各**2本**となります。(注：この小学校は一斉鳴動方式なので, ベル線 (B) の HIV 線は2本のままになります。)

よって, HIV 線は, 2＋2＝**4本**になります。

<類題>警戒区域⑩が地階にある場合の各室の「感知器の種別と個数」を答えなさい。

問2の解答・解説

●問2 設問1, 設問2の解答●

設問1

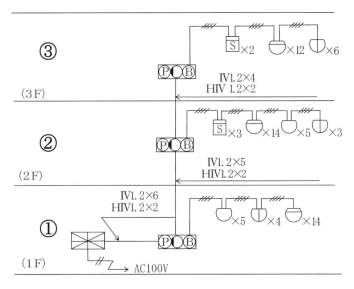

図5－4 問2, 設問1の解答図 (一例)

設問2

解答

a	b	c	d	e	f
4	2	5	2	6	2

（類題の答）

　地階は，原則，煙感知器なので，差動式スポット型は**煙式スポット型**になります。天井高が4m未満なので，P.73より，感知面積は **150㎡** となります。よって，校長室，職員室，保健室，教室，事務室は，いずれも床面積が150㎡未満なので，それぞれ煙感知器（2種）**1個**ずつ設置します。

答➡各室に**1個**設置する。（なお，警戒区域⑨は，1階の時と同じ種類と個数です。）

問2　設問1，設問2の解説

設問1　感知器の種別が指定されているので，各階とも順に記号を表示し，個数が2個以上のものは，その個数も表示していきます。

また，受信機はP型2級なので，回路の末端を発信機か回路試験器とする必要があります（導通を確認できないため）。

従って，**機器収容箱内にある発信機**を末端とする必要があるので，配線は機器収容箱から末端の感知器へ行き，再び機器収容箱まで戻ってくるという配線にする必要があり，解答例のように，4本の往復配線とする必要があります。

なお，今回は，3階は普通のフロアでしたが，本試験では，3階を小屋裏とした出題例があります。

その際は，下図のように，2階に回路試験器を設けて，小屋裏の導通を確認できるようにしておきます（注：図の小屋裏は差動式スポット型感知器（2種）を10個のみとした場合です）。

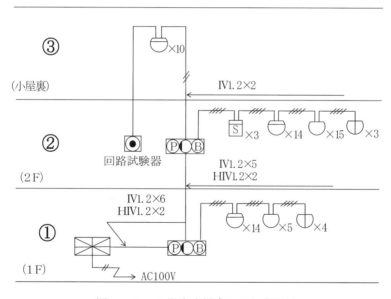

図5－5　3階を小屋裏にした出題例

設問2　まず，P型2級の配線本数を再確認しておきます。

〈IV線(600 V ビニル絶縁電線)〉	本数
表示線　(L)	1本
共通線　(C)	1本
表示灯線　(PL)	2本
	計4本
〈HIV線 (耐熱電線)〉	
ベル線　(B)	2本

2級の配線

a　aの部分を通るIV線は，警戒区域③への表示線 (L) と共通線 (C) が1本および表示灯線 (PL) が2本の計**4本**になります。

b　HIV線 (耐熱配線) は警戒区域①から③まで共通の**2本**です。

　　従って，警戒区域②のd，警戒区域①のfも同じく**2本**となります。

c　IV線でaの部分と異なるのは，警戒区域②への表示線 (L) が1本加わるのみなので，**5本**になります。

d　bより**2本**。

e　eの部分のIV線は，cの部分に警戒区域①の表示線が1本加わるだけなので，**6本**となります。

f　bより**2本**。

　　以上を表にすると次のようになります。

電線	場所 配線	3階〜2F a	2F〜1F c	1F〜受信機 e
IV	表示線　(L)	1	2	3
	共通線　(C)	1	1	1
	表示灯線　(PL)	2	2	2
	計	4	5	6

		b	d	f
HIV	ベル線　(B)	2	2	2
	計	2	2	2

第6回

第6回目の問題

第6回目の問題

【問1】　次の図6-1は，令別表第1の15項に該当する地下1階，地上9階建ての事務所ビルの地下1階平面図である。次の各設問に答えなさい。

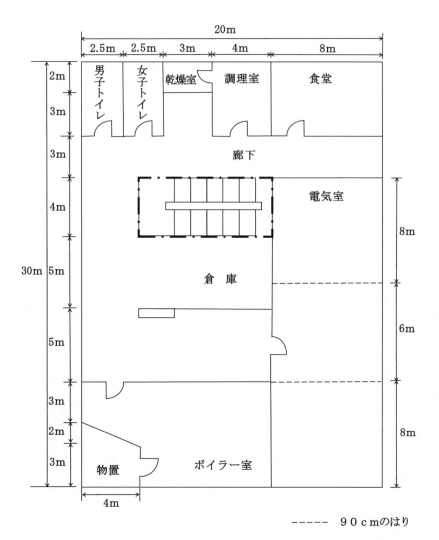

----- 90cmのはり

図6-1　地下1階平面図

設問1　ボイラー室に設置する感知器の公称作動温度で，最も適当なものは次のうちどれか。
(解答⇒P.97)

（1）　60℃　　（2）　65℃
（3）　70℃　　（4）　75℃

解答欄

設問2　この建物に自動火災報知設備を設置する場合，次の条件に基づき，凡例記号を用いて前頁の設備平面図6－1を完成させなさい。
(解答⇒P.97)

＜条件＞

1．主要構造部は耐火構造である。
2．各室の天井の高さは3.8 mで，電気室のはりは，天井下90 cm突き出している。
3．倉庫は廊下に対して開放されており，はりなどはない。
4．受信機は，別の階に設置してあり，階段室は別の階で警戒している。
5．ボイラー室の正常時における最高周囲温度は55℃ である。
6．食堂は煙の流入の恐れのないものとして扱うこと。
7．立上がりの配線本数等の記入は，省略すること。
8．発信機等の必要機器及び終端器は，機器収容箱内に設置するものとする。
9．感知器の設置は，法令基準に基づいて，必要最少個数を設置すること。
10．警戒区域番号の表示は省略するものとする。

＜凡例＞

記号	名　　　称	備　　　考
⏗	差動式スポット型感知器	2種
⏘	定温式スポット型感知器	1種
⏚	定温式スポット型感知器	1種防水型
⏛	定温式スポット型感知器	耐酸・耐アルカリ型
S	煙感知器	光電式2種
P	P型発信機	1級
◖	表示灯	AC 24 V
B	地区音響装置	150φ DC 24 V
☐	機器収容箱	PⒷⒷを収容
Ω	終端抵抗	
—//—	配　　線	2本
—///—	配　　線	3本
—////—	配　　線	4本
⸰	配線引下げ	
—・—・—	警戒区域境界線	

【問2】

　次頁の図6-2は，P型1級受信機を用いた7階建て防火対象物の自動火災報知設備の系統図を示したものである。

　次の条件に基づき，各設問に答えなさい。

＜条件＞

1．延べ面積は 4800 m² である。
2．地区音響装置はベル鳴動による警報である。
3．発信機，表示灯は屋内消火栓設備と兼用するものとする。
4．一の共通線に接続する警戒区域の数は，警戒区域番号の大きい方から順に基準値の上限まで設置するものとする。

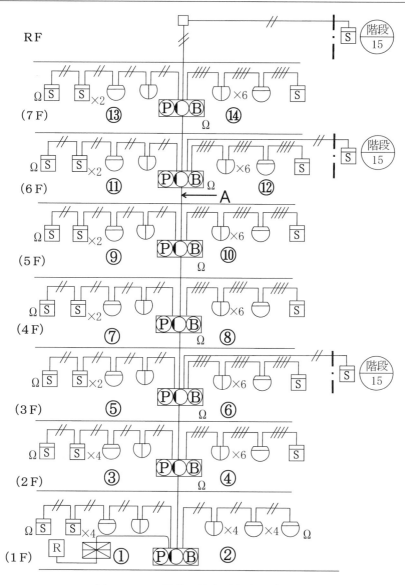

図 6 - 2 7 階建て防火対象物の系統図

7 F のデータ
表示線 3 本 共通線 1 本   応答線 1 本
電話線 1 本 表示灯線 2 本 ベル線 2 本

設問1　6階 A で示す場所の配線本数を答えなさい。　　　　　　　（解答⇒P. 101）

解答欄

表示線	共通線	応答線	電話線	表示灯	ベル線
本	本	本	本	本	本

設問2　この感知器回路の，共通線の法令基準に定める最少本数は何本か答えな
さい。　　　　　　　　　　　　　　　　　　　　　　　　　　（解答⇒P. 101）

解答欄

本

設問3　地区音響装置を区分鳴動ができるものとしなければならない防火対象物
および延べ面積が法令で定められているが，その基準を答えなさい。

（解答⇒P. 101）

解答欄

階数	
延べ面積	

設問4　火災により，この建物に設置された地区音響装置が，区分鳴動による警
報から全区域鳴動による警報に移行した。その理由を2つ答えなさい。

（解答⇒P. 101）

解答欄

問1の解答・解説

●問1　設問1，設問2の解答●

設問1

解答

```
（4）
```

設問2

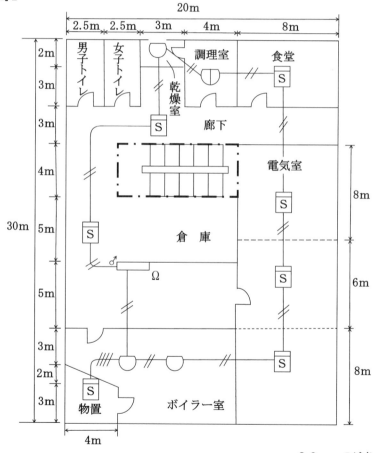

図6-3　問1，設問2の解答図（一例）

問1　設問1，設問2の解説

設問1　定温式スポット型感知器は，正常時における最高周囲温度より **20℃ 以上**高い公称作動温度のものを設置する必要があります。

従って，条件の5より，55＋20＝75 となり，75℃ 以上の公称作動温度が必要となるので，（4）の 75℃ が正解となります。

設問2　いつものように，製図の手順（P.34）どおり解説していきます。

（1）　警戒区域の設定

別警戒区域の階段を含めても，20×30＝600 m² なので，1警戒区域とします。

（2）　機器収容箱の位置を決める

省略

（3）　感知器を設置しなくてもよい場所を確認する

男子トイレ，女子トイレが該当し，階段室も条件の4より別の階で警戒区域としているので，設置を省略します。

また，条件の3より，**倉庫は廊下に対して開放されている**ので，感知区域の定義『壁，または取り付け面から 0.4 m 以上（差動式分布型と煙感知器は 0.6 m）突き出したはりなどによって区画された部分』

には該当しないので，感知器の設置を省略します。

（4）　各室に設ける感知器の種別，および個数の割り出しをする

①　感知器の種別

まず，本問は地階として設定されていますが，地上階で無窓階，または 11 階以上の階と指定されている場合も感知器の種別は同じなので，覚えておいてください。

> **無窓階，11 階以上**と指定された場合⇒**地階**と同様に扱う

さて，巻末資料3（P.234）より，地階は基本的に**煙感知器**を設置しますが，ボイラー室と乾燥室には**定温式スポット型感知器（1種）**（注：水蒸気が滞留するおそれがあるという条件があれば防水型を用いる），調理室には**定温式スポット型感知器（1種防水型）**を設置します。

なお，厨房などの煙が流入するおそれがある食堂は，規則第 23 条 4 項一号二の（ヘ）より，煙感知器設置禁止場所とされていますが，本問の食堂は条件6より，それに該当しないので，煙感知器を設置します。

② 感知器の個数

＜煙感知器（2種）の場合＞

煙感知器（2種）の感知面積は次のようになります。

（4 m 未満）   4 m   （4 m 以上）
──────────────｜──────────────
　　①　150 m²　　　　　　②　75 m²

（煙式に耐火とその他の構造の区別はありません）

煙感知器の場合，耐火とその他の構造によって感知面積が変わることはないので，あとは天井高で判断します。

条件の 2 より，天井高は 3.8 m なので，感知面積は「150 m²」となります。

また，電気室には感知区域の基準が適用される **0.6 m 以上**（煙感知器と差動式分布のみ 0.6 m 以上のはりで区分され，その他の感知器は 0.4 m 以上のはりで区分される）のはりがあるので，それぞれの区域に分けて計算をします。

以上をもとにそれぞれの室を計算します。

（感知面積は 150 m²）

・**食堂**

床面積は，$8 \times 5 = 40$ m² なので，1 個の感知器で十分カバーでき，**1 個**を設置します。

・**電気室**

解説しやすいように，電気室をはりで区分し，上から順に（a）（b）（c）とします。

（a）と（c）の床面積は，

$8 \times 8 = 64$ m² となるので，1 個の感知器で十分カバーできるため，**1 個**を設置します。

（b）の床面積は，

$8 \times 6 = 48$ m² となるので，同じく **1 個**を設置します。

・**物置**

床面積は，$(4 \times 3) + (4 \times 2 \times \frac{1}{2}) = 12 + 4 = 16$ m² となるので，**1 個**を設置します。

・**廊下**

歩行距離が 30 m を超えているので，解答例のような位置に **2 個**設置しておきます。

＜熱感知器の場合＞

定温式スポット型感知器（１種）

定温式スポット型感知器（１種）の感知面積は次のようになります。

（取り付け面の高さ）

（4m未満）	4m	（4m以上）

① **耐火：60 m²**　　　② 耐火：30 m²
　　その他：30 m²　　　　　その他：15 m²

天井高は3.8 m なので，感知面積は「**60 m²**」になります。
（感知面積は **60 m²**）

・**ボイラー室**

物置の床面積

床面積は，$(12 \times 8) - 16 = 80 \, \text{m}^2$ となり，$80 \div 60 = 1.33 \cdots\cdots$ より，

2個を設置します。

・**乾燥室**

床面積は6 m² なので，**1個**を設置します。

（5）回路の末端の位置を決めて配線ルートを決め，配線をする

条件の7より，終端器が機器収容箱内に設けてあるので，末端はこの終端器となります。よって，今回は，解答例のように，機器収容箱～廊下の煙感知器～乾燥室～食堂～ボイラー室～機器収容箱という一周するルートをとって配線しました。

ボイラー室から物置までは往復4線になることに注意しながらそれぞれの本数に応じた斜線を感知器間に記し，機器収容箱付近に終端抵抗器のマーク（Ω）を表示して終了です。

問2の解答・解説

●問2 設問1～設問4の解答●

設問1

表示線	共通線	応答線	電話線	表示灯	ベル線
5 本	1 本	1 本	1 本	2 本	3 本

設問2

3 本

設問3

階数	5 以上
延べ面積	3000 m² を超える場合

設問4

一定時間が経過した
新たな火災信号を受信した

問2 設問1～設問4の解説

　設問1　P.95 の図の下に表示してある7階の配線本数を考慮して6階の配線本数を考えていきたいと思います。

(IV 線)

・**表示線**

　　　7階が⑬, ⑭, ⑮の3本なので, それに警戒区域⑪と⑫の2本を足して**5本**になります。

・共通線

7警戒区域まで1本なので，警戒区域数が15では，**3本**必要になります。従って，条件4より，警戒区域番号の大きい方から順に，警戒区域⑮〜⑨までで1本，警戒区域⑧〜②で1本，警戒区域①のみで1本となるので，6FのA部分では，警戒区域⑮〜⑨の共通線1本が通っていることになります。

・応答線

この応答線と次の電話線は，全階**1本**ずつになります。

・電話線

1本

（HIV線）

・表示灯線

条件の3より，発信機，表示灯は屋内消火栓と兼用のものとするので，この表示灯線もHIV線となります。その表示灯線ですが，全階共通の**2本**になります。

・ベル線

この防火対象物は，<u>地階を除く階数が5以上で延べ面積が3000 m² を超えている</u>ので，地区音響装置は**区分鳴動方式**になります。

ベル共通線は全階1本ですが，ベル区分線は7Fの1本から始まって，下の階に降りるほど本数が増えていきます。

従って，6Fでは**2本**になるので，ベル共通線の1本とで**3本**になります。

設問2　設問1の解説で説明しましたように，共通線の法令基準に定める最少本数は**3本**になります。

設問3　上記下線部より，地階を除く階数が**5以上**で延べ面積が3000 m² を超えれば区分鳴動方式とする必要があります。

設問4　設問3のような大規模防火対象物の場合，最初は火災階などの一部のみ区分鳴動とし，**「一定時間が経過した場合」**または**「新たな火災信号を受信した場合」**に一斉鳴動と移行する必要があります（最初から全館一斉鳴動とするとパニックを起こすため）。

第7回

第7回目の問題

第7回目の問題

【問1】　次の図7−1は，ある病院の渡り廊下部分の平面図である。この廊下に
　　自動火災報知設備を設置する場合，次の条件に基づき，凡例記号を用いて次の
　　各設問に答えなさい。

<条件>

1．渡り廊下部分は，感知器の設置が必要となる場所であり，かつ，渡り廊下
　　に接続する建物は，考慮に入れないものとする。
2．機器収容箱は図示されている1台のみを設置するものとし，各配線は機器
　　収容箱より引き出し，配線をすること。
3．受信機は，P型1級を使用しているものとする。
4．感知器は必要最少個数を設置するものとする。
5．電気配線の電線種別は考慮しないものとする。

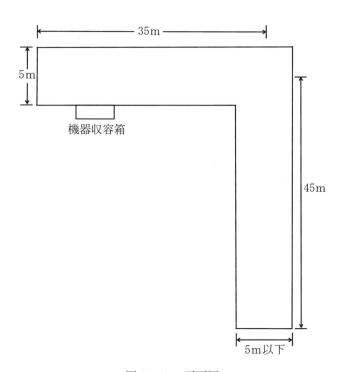

図7−1　平面図

設問 1　渡り廊下部分に適切な感知器を設置しなさい。なお，渡り廊下部分を同
一警戒区域とすること。　　　　　　　　　　　　　　　（解答⇒P.109，図 7 - 3 ）

設問 2　設問 1 で設置した感知器を配線で接続し，終端抵抗を含めて，感知器回
路を完成させなさい。なお，終端抵抗は感知器に設置するものとする。
　　　　　　　　　　　　　　　　　　　　　　　　　　（解答⇒P.110，図 7 - 4 ）

設問 3　この渡り廊下部分にベルを設置し，配線で接続しなさい。
　　　　　　　　　　　　　　　　　　　　　　　　　　（解答⇒P.111，図 7 - 5 ）

＜凡例＞

記号	名　　称	備　　考
⏜	差動式スポット型感知器	2 種
⏝₀	定温式スポット型感知器	特種
⏝	定温式スポット型感知器	1 種防水型
S	イオン化式スポット型感知器	2 種
Ⓟ	発信機	P 型 1 級
◖	表示灯	AC 24 V
Ⓑ	地区音響装置	DC 24 V
▭	機器収容箱	Ⓟ◖Ⓑを収容
Ω	終端抵抗	
—ⵗ—	配　　線	2 本
—ⵗⵗ—	配　　線	4 本

【問2】　図7－2（1）（2）は，主要構造物を耐火構造とした地下1階，地上6階建ての自動火災報知設備の設置義務のある防火対象物の3階部分の平面図と全体の設備系統図の一部である。これらの図面について，次の各設問に答えなさい。

　　なお，共通線は2本使用するが，1本当たりに接続する警戒区域の数は同じとなるようにし，2本のうち1本の共通線は不必要に上の階まで使用しないこと。

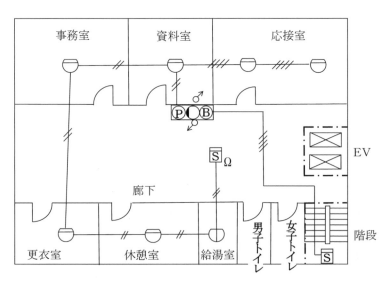

図7－2（1）　3階部分の平面図

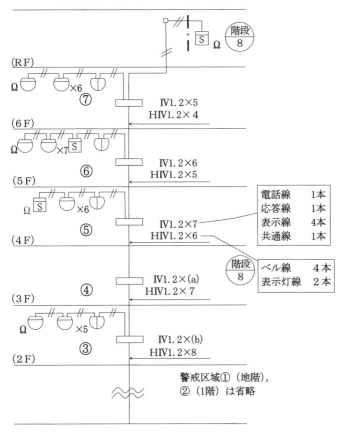

図 7 - 2 （2）　設備系統図の一部

<凡例>

記号	名　称	備　考
▨	受信機	P型1級受信機
▭	機器収容箱	Ⓟ◐Ⓑを収容
Ⓟ	P型発信機	1級
◐	表示灯	AC 24 V
Ⓑ	地区音響装置	DC 24 V　15 mA
⏢	差動式スポット型感知器	2種
⏢	定温式スポット型感知器	1種防水型
S	煙感知器	2種　非蓄積型

Ω	終端抵抗	10 kΩ
R	移報器	消火栓起動リレー
—⫻—	配　線	2 本
—⫻⫻—	配　線	4 本
♂ ♀	配線立上り引下げ	
(No)	警戒区域番号	①〜③

設問 1　設備系統図の 3 階部分を他階の例にならい記入しなさい。

（解答⇒P. 113）

設問 2　この設備の地区音響装置の鳴動方式を答えなさい。　（解答⇒P. 113）
解答欄

設問 3　表示灯線が HIV で施行されているが，その理由を答えなさい。
解答欄
（解答⇒P. 114）

設問 4　3 階の HIV の 7 本の内訳本数を答えなさい。　（解答⇒P. 114）
解答欄

・ベル線　：	本
・表示灯線：	本

設問 5　a，b の部分の配線本数を答えなさい。　（解答⇒P. 114）
解答欄

a.	本
b.	本

問1の解答・解説

●問1　設問1〜設問3の解答●

設問1

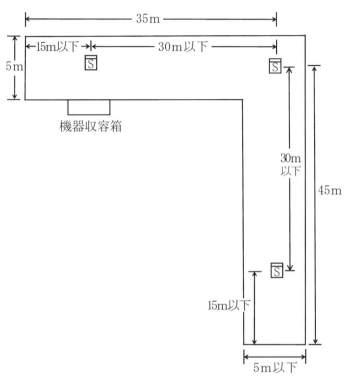

図7 − 3

設問2

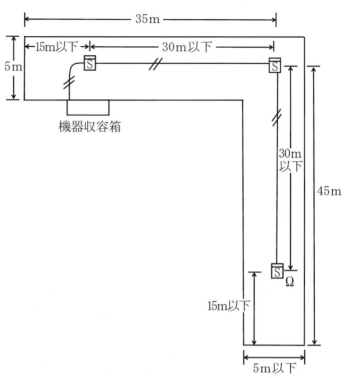

図 7 - 4

設問 3

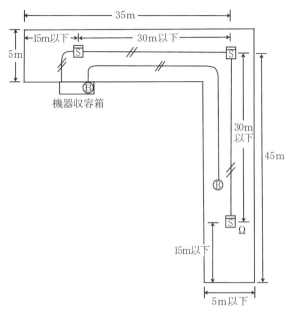

図 7 − 5

問 1　設問 1 〜設問 3 の解説

　設問 1　まず，巻末資料 2 の③（P.233）より，病院は特定防火対象物なので，廊下，通路には煙感知器の設置義務があります。

　従って，凡例より，煙感知器の 2 種を使用するので，廊下の端より **15 m 以下**，感知器相互は **30 m 以下**（注：いずれも歩行距離）ごとに 1 個ずつ設置する必要があります。

　図の歩行距離を算出すると，

　35 + 45 = 80 m となるので，

　端からの，15 × 2 = 30 m を除くと 50 m となりますが，解答例のような角にあたる部分に 1 個設置すると，両端の感知器から「歩行距離が 30 m 以下」という条件を満たすので，そのように設置しました。

　設問 2　問題の条件に，「終端抵抗は感知器に設置するものとする」とあるので，機器収容箱から出発して廊下の端に設置した煙感知器を終端とするルートを取りました。

設問 3　　地区音響装置は, 水平距離 **25 m 以下**ごとに設置する必要があるので, 機器収容箱内に設置した地区音響装置のみではカバーしきれず, 解答例のような位置にも 1 個設ける必要があります。

問 2 の解答・解説

●問 2　設問 1 ～設問 5 の解答●

設問 1

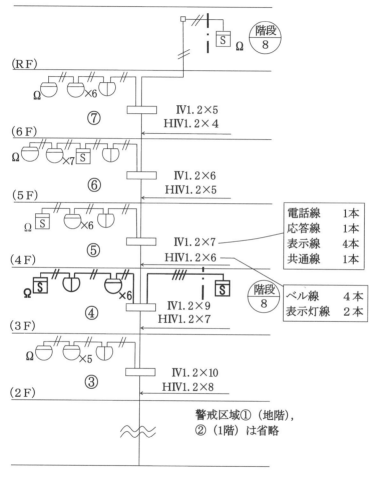

図 7 - 6　問 2，設問 1 の解答図（一例）

設問 2

区分鳴動方式

設問3

発信機および表示灯が屋内消火栓設備と兼用されているため

設問4

・ベル線　：　　　5　　　本
・表示灯線：　　　2　　　本

設問5

a.　　　　　　9　　　本
b.　　　　　　10　　本

問2　設問1〜設問5の解説

　設問1　第4回の問2の解説（P.75）で学習した通り，平面図から系統図を作成する手順は次の通りです。

（1）機器収容箱から近い感知器から順に並べてゆく

（2）感知器の個数は，同じ種類の感知器をひとまとめにして，横に小さく表示する。（1個の場合は省略）

（3）系統図に終端抵抗の表示は表示しなくてよい（ただし，本試験では，一般的に表示されているので，本書においても表示してあります）。

（4）配線本数の表示（斜線）は機器収容箱と接続する部分のみ（ただし，本試験では，感知器間も一般的に表示されているので，本書においても表示してあります）。

　以上より，機器収容箱から近い順から，差動式スポット型感知器（2種）〜定温式スポット型感知器（1種防水型）〜煙感知器（2種）と表記し，その感知器の個数をその脇に表示して，末端の煙感知器に終端抵抗を記しておきます。
　また，階段は，この3階で警戒しているので，解答例のように表示しておきます。
　なお，配線本数分の斜線も忘れずに記しておきます。

設問 2　地区音響装置が一斉鳴動方式か区分鳴動方式かを判断するには，ベル線である HIV 線の本数で判断します。

本問の場合，4 F に本数が表示されており，それから判断すると，一斉鳴動方式の場合，ベル線は全階 2 本ですが，ベル線が 4 本となっているので，区分鳴動方式ということがわかります。

設問 3　表示灯線が HIV で施行されている理由ですが，発信機および表示灯が屋内消火栓設備と兼用されている場合は，**表示灯線**（PL）を **HIV 線（耐熱電線）** とする必要があります。

なお，HIV 線とするのは，受信機が火災信号を受信すれば，受信機の自己保持機能により，主音響装置が鳴動を続けますが，地区音響装置が鳴動し続けるためには，地区音響装置の警報回路を耐熱配線にして火災により断線しないようにする必要があるためです。

[類題]　この系統図（P.107，図 7 － 2 （2））の配線より，この設備が屋内消火栓設備と連動しているか否かを答え，かつ，その理由も答えなさい。

解説_____

4 F の配線本数の表示より，表示灯線が HIV 線なので，屋内消火栓設備と連動していることがわかります。

解答

・連動している。
・表示灯線が HIV 線であるため

設問4　この系統図の配線本数は次のようになります。

電線	配線　　　　場所	RF～6F	6F～5F	5F～4F	4F～3F	3F～2F	2F～1F
						a	
IV	表示線　（L）	1	2	3	4	5	6
	共通線　（C）	1	1	1	1	2	2
	応答線　（A）	1	1	1	1	1	1
	電話線　（T）	1	1	1	1	1	1
	計	4	5	6	7	9	10

HIV	ベル共通線（BC）		1	1	1	1	1
	ベル区分線（BF）		1	2	3	4	5
	表示灯線（PL）		2	2	2	2	2
	計		4	5	6	7	8

　3階のHIVの配線本数は，表の3F～2Fに当たる部分で，4階のベル線が4本なので，それに3階部分のベル区分線が1本増え，**5本**になります。表示灯線については，全階**2本**の並列接続です。

設問5　問題の条件より，共通線は1本当たりに接続する警戒区域数が同じなので，B1F～3Fと4F～RFと4警戒ずつの2つに分けます。

　この場合，B1F～3F間は共通線が2本となるので，aの部分は，4階のIV線に3階の表示線と共通線がもう1本加わることになります。

　従って，4階のIV線が7本なので，3階のIV線は，7＋2＝**9本**となります。

　またbについては，aに2階の表示線が1本加わるだけなので，**10本**になります。

第8回

第8回目の問題

第8回目の問題

【問1】 図8−1は，地下2階，地上6階建ての事務所ビル（消防法施行令第1（15）項）の1階部分である。

下記の条件に基づき，示された凡例記号を用いて自動火災報知設備の設備図を完成させなさい。

(解答⇒P.121)

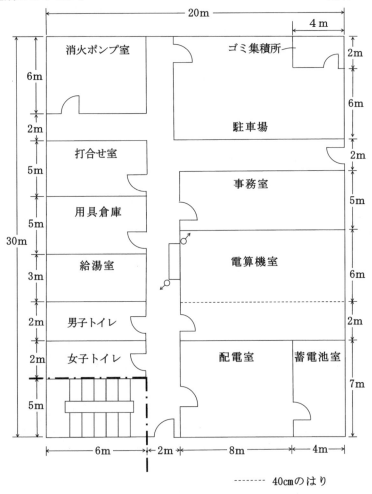

図8−1　1階部分の平面図

＜条件＞

1. 主要構造部は耐火構造で，無窓階ではない。
2. 駐車場の天井の高さは4.8 mで，その他は4.2 mである。
3. 受信機は別の階に設置してあるものとし，受信機から機器収容箱までの配線は省略とすること。
4. 立上がりの配線本数等の記入は，省略してもよい。
5. 階段室は，この階で警戒しているものとする。
6. 発信機等の必要機器は，機器収容箱内に設置するものとする。
7. 終端抵抗は配電室の感知器に設置するものとする。
8. 廊下には煙感知器を設置すること。
9. 感知器の設置は，法令基準に基づいて，必要最少個数を設置すること。
10. 警戒区域番号の表示は省略するものとする。

＜凡例＞

記号	名　称	備　考
▷◁	受信機	P型1級受信機
▭	機器収容箱	Ⓟ◖Ⓑを収容
Ω	終端抵抗	
▽	差動式スポット型感知器	2種
▽	定温式スポット型感知器	1種
▽	定温式スポット型感知器	1種防水型
▽	定温式スポット型感知器	1種耐酸型
▽₀	定温式スポット型感知器	特種
Ⓢ	煙感知器	光電式2種
Ⓟ	P型発信機	1級
◖	表示灯	AC 24 V
Ⓑ	地区音響装置	150φ DC 24 V
—//—	配　線	2本
—////—	配　線	4本
ᓚ ᓗ	配線立上り，引下げ	
━ ― ━	警戒区域境界線	

【問2】　下図8－2（1）～（4）に示す防火対象物に，自動火災報知設備を設置する場合，階段部分の最少警戒区域数を答えなさい。　　　（解答⇒P.125）

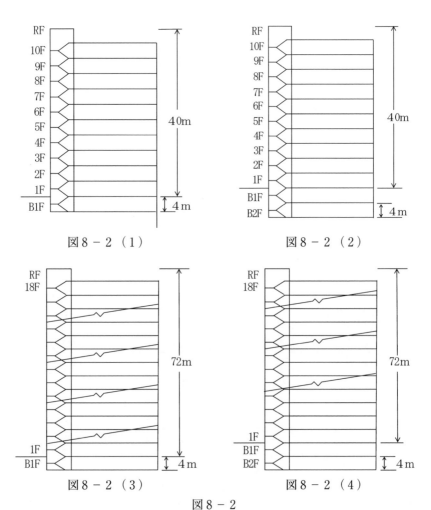

図8－2（1）　　　　　　　　図8－2（2）

図8－2（3）　　　　　　　　図8－2（4）

図8－2

解答欄

	（1）	（2）	（3）	（4）
警戒区域数				

問1の解答・解説

●問1の解答●

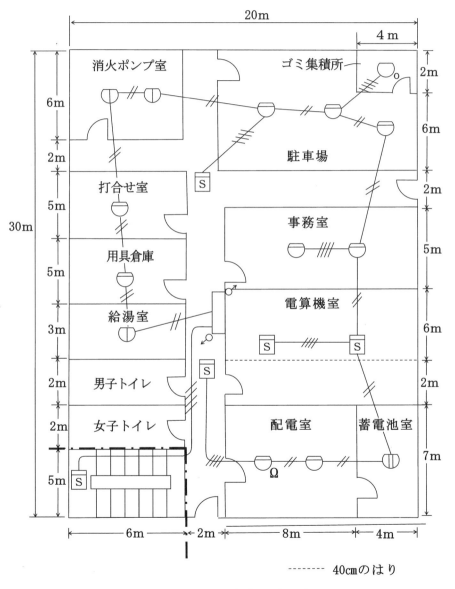

図8-3 問1の解答図（一例）

問1の解説

> **＜製図の解答の手順より＞**
> （1）警戒区域を設定する。
> （2）機器収容箱の位置を決める。
> （3）感知器を設置しなくてもよい室を確認する。
> （4）各室に設ける感知器の種別，および個数の割り出しをする。
> （5）回路の末端の位置を決めて配線ルートを決め，配線をする。

（1）警戒区域の設定

　問題の図の場合，フロア面積は別警戒区域の階段を入れても，$20 \times 30 = 600 \ m^2$ となるので，1警戒区域とします。

（2）機器収容箱の位置を決める

　省略します。

（3）感知器を設置しなくてもよい場所を確認する

　巻末資料3（P. 234）より，トイレが該当します。

（4）各室に設ける感知器の種別，および個数の割り出し

①　感知器の種別

　まず，巻末資料2（P. 233）より，煙感知器でなければならない部分を確認すると，廊下と階段及び電算機室が該当します（条件1より，無窓階ではないので，ここだけになります）。

　また，給湯室，消火ポンプ室には，定温式スポット型感知器（1種防水型），蓄電池室（バッテリー室）には定温式スポット型感知器（耐酸型），ゴミ集積所には，定温式スポット型感知器（特種）を設置することにし，その他の室には，差動式スポット型感知器（2種）を設置しておきます。

②　感知器の個数

＜熱感知器＞

1．差動式スポット型感知器（2種）

　差動式スポット型感知器（2種）の感知面積は次のとおりです。
（注：補償式スポット型（2種），定温式スポット型（特種）の感知面積も同じ）

（4 m 未満）	4 m	（4 m 以上）
①　耐火：70 m²		②　耐火：35 m²
その他：40 m²		その他：25 m²

条件の2より，すべて4m以上なので，感知面積は **35 m²** となります。
以上をもとにそれぞれの室の設置個数を計算します。
（感知面積は **35 m²**）

・駐車場

床面積は，$(12 \times 8) - (4 \times 2) = 88\,m^2$ となるので，
$88 \div 35 = 2.51\cdots\cdots$ より，繰り上げて **3個** 設置します。

・事務室

床面積は，$12 \times 5 = 60\,m^2$ となるので，
$60 \div 35 = 1.71\cdots\cdots$ より，繰り上げて **2個** 設置します。

・配電室

床面積は，$8 \times 7 = 56\,m^2$ となるので，$56 \div 35 = 1.6$ より，繰り上げて **2個** 設置
します。

・用具倉庫，打合せ室

床面積は，$6 \times 5 = 30\,m^2$ となるので，各 **1個** を設置します。

2．定温式スポット型感知器（1種）

定温式スポット型感知器（1種）の場合の感知面積は次のとおりです。

定温式スポット型（1種）の感知面積

（取り付け面の高さ）

（4 m 未満）	4 m	（4 m 以上）

① 耐火：60 m²　　② **耐火：30 m²**
　その他：30 m²　　　その他：15 m²

感知面積は耐火で4m以上なので，**30 m²** となります。
（感知面積は **30 m²**）

・消火ポンプ室

床面積は，$6 \times 6 = 36\,m^2$ なので，$36 \div 30 = 1.2$ より，繰り上げて **2個** 設置します。

・蓄電池室

床面積は，$4 \times 7 = 28\,m^2$ なので，**1個** を設置します。

・給湯室

床面積は，$6 \times 3 = 18\,m^2$ なので，**1個** を設置します。

3. 定温式スポット型感知器（特種）

差動式スポット型感知器（2種）と感知面積は同じなので，**35 m²** となります。

・ゴミ集積所：床面積は，$4 \times 2 = 8$ m² なので，**1個**を設置します。

＜煙感知器＞

1. 煙感知器（2種）

＜煙感知器（2種）の場合＞

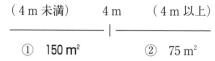

（煙式に耐火とその他の構造の区別はありません）

（感知面積は **150 m²**）

・電算機室

煙感知器の場合，感知区域が区分されるはりは，

0.6 m 以上の場合なので，

今回は区分されず，そのまま計算します。

よって，床面積は，$12 \times 8 = 96$ m² なので，

$96 \div 75 = 1.28$……より，繰り上げて**2個**設置します。

・廊下

歩行距離が30 m を超えるので，解答例のような位置に**2個**設置します。

・階段

条件の5より，階段室はこの階で警戒しているので，**1個**設置しておきます。

（5）回路の末端の位置を決めて配線ルートを決め，配線をする

条件7に「終端抵抗は配電室の感知器に設置すること。」とあるので，機器収容箱から出発した配線は給湯室～消火ポンプ室～駐車場～配電室から廊下の煙感知器を往復して，最後は配電室の感知器を末端とし，この感知器に終端抵抗を設置しておきます（法令基準に適合していれば別のルートでもよい）。

問 2 の解答・解説

●問 2 の解答●

	（1）	（2）	（3）	（4）
警戒区域数	1	2	2	3

問 2 の解説

　防火対象物が高層で階数が多い場合は,垂直距離 **45 m 以下**ごとに 1 警戒区域とします。

　ただし, 地階の階数が 1 のみの場合は地上部分と同一警戒区域とし, 地階の階数が 2 以上の場合は地階部分と地上部分は別の警戒区域とします。

　従って,（1）,（3）の B 1 F は地上部分と同一警戒区域とし,（2）,（4）の B 1 F, B 2 F は別警戒区域とします。

　そこで, まず,（1）は B 1 F の 4 m と地上部分の 40 m を足すと 44 m と,「45 m 以下」という基準を満たすので, **1 警戒区域**となります（次頁の図 8 − 4 （1））。

　次に,（2）の地上部分は,「45 m 以下」なので, ここだけで 1 警戒区域となり, 地下の 1 警戒区域と合わせて **2 警戒区域**となります（次頁の図 8 − 4 （2））。

　（3）は, B 1 F の 4 m と地上部分の 72 m を足すと 76 m となり, 45 m を超えるので, **2 警戒区域**となります（次頁の図 8 − 4 （3））。

　最後の（4）については, 地上部分が 45 m を超えるので, **2 警戒区域**とし, 地下の 1 警戒区域と合わせて **3 警戒区域**となります。

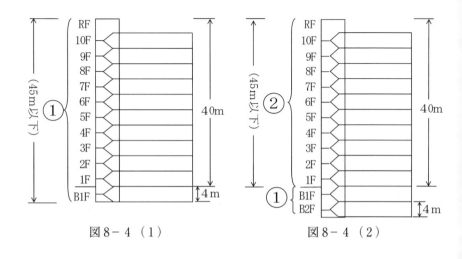

図 8 - 4 （ 1 ）　　　　　　　　図 8 - 4 （ 2 ）

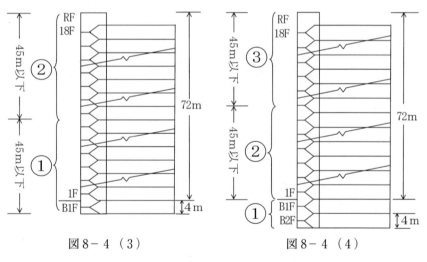

図 8 - 4 （ 3 ）　　　　　　　　図 8 - 4 （ 4 ）

図 8 - 4　問 2 の解説（①，②，③・・・警戒区域番号）

第9回

第9回目の問題

第9回目の問題

【問1】　次の図9－1は，消防法施行令別表第1（6）項イに該当する病院の2階平面図である。この建物に自動火災報知設備を設置する場合，次の条件に基づき，示された凡例記号を用いて設備図を完成させなさい。

（解答⇒P.132）

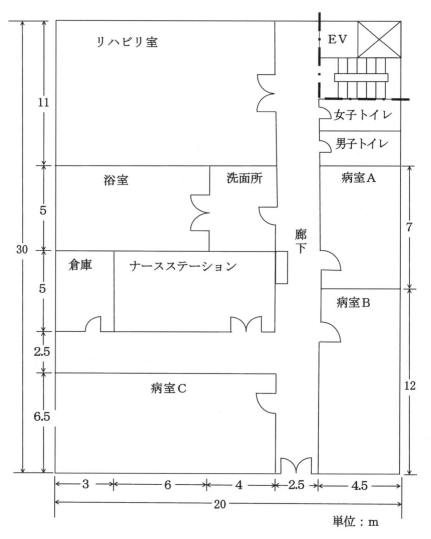

図9－1　2階平面図

＜条件＞

1. 主要構造部は耐火構造であり，この階は無窓階ではない。
2. 天井面の高さは，リハビリ室のみ8mで，その他は3.6mである。
3. 煙感知器の設置は，法令基準により必要となる場所以外には設置しないこと。
4. 感知器の設置は，法令の基準により必要最少の個数とすること。
5. 階段，エレベーターは別の階で警戒し，他の部分は一つの警戒区域とすること。
6. 上下階への配線本数の記入は，不要とすること。
7. 終端抵抗は，「病室A」に設置すること。
8. 洗面所は，脱衣室を兼ねるものとする。

＜凡例＞

記号	名　　称	備　　考
▭	機器収容箱	Ⓟ◖Ⓑを収容
Ⓟ	P型発信機	1級
◖	表示灯	AC 24 V
Ⓑ	地区音響装置	DC 24 V
▽	差動式スポット型感知器	2種
▽	定温式スポット型感知器	1種
Ⓘ	定温式スポット型感知器	1種防水型
S	光電式スポット型感知器	2種，非蓄積型
Ω	終端抵抗	
━ ─ ━	警戒区域境界線	
━━╫━	配　　線	2本
━━╫╫━	配　　線	4本

【問2】 感知器の設置個数の算定について，次の各設問に答えなさい。

　設問1　下図9－2に示す設置面積に対する感知器種別ごとの法令基準に定める最少設置個数を答えなさい。

<条件>

1．主要構造部は耐火構造で，内装は不燃材料である。

2．感知器の取付け面の高さは3.8mである。

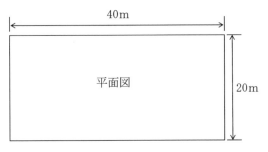

図9－2

解答欄

設置する感知器	設置個数
差動式スポット型感知器　2種	個
定温式スポット型感知器　1種	個
定温式スポット型感知器　2種	個
定温式スポット型感知器　特種	個

(解答⇒P.135)

　設問2　下図9－3に示す，設置面積に対する光電式分離型感知器の法令基準に定める最少設置個数を答えなさい。

　ただし，感知器の送・受光部1対で1個とし公称監視距離は55mである。

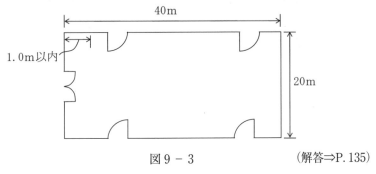

図9－3

(解答⇒P.135)

解答欄

設問3　下図9－4に示す，立面図の建物を光電式分離型感知器で警戒する場合，設置可能な光軸の高さの範囲の番号を全て答えなさい。　　　（解答⇒P.135）

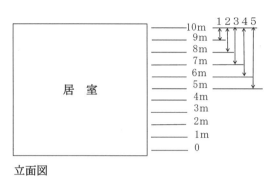

立面図

図9－4

解答欄

問1の解答・解説

●問1の解答●

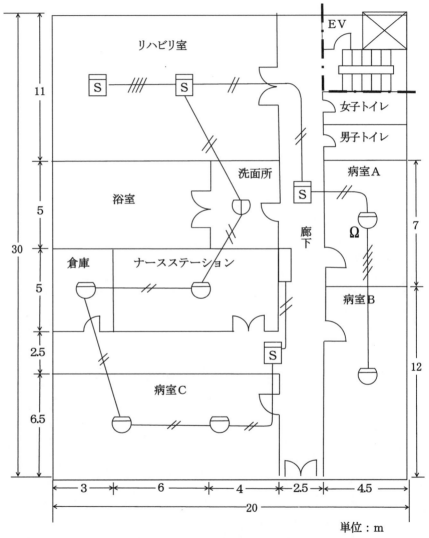

図9-5　問1の解答図（一例）

問1の解説

いつものように，製図の解答の手順どおり解説していきます。

（1）警戒区域を設定する

条件5より，省略。

（2）機器収容箱の位置を決める

省略

（3）感知器を設置しなくてもよい場所を確認する

男子トイレ，女子トイレと浴室が該当し，階段室も条件5より別の階で警戒区域
しているので，設置を省略します。

（4）各室に設ける感知器の種別，および個数の割り出しをする

① 感知器の種別

洗面所は，常に水を用いる場所ということで，トイレ同様，基本的には感知器
の設置を省略できますが，条件8に「脱衣室を兼ねる」とあるので，脱衣室同様，
定温式スポット型感知器（1種防水型）を設置します。また廊下には煙感知器（2
種）を設置しますが，その他は，差動式スポット型感知器（2種）を設置します。
ただし，差動式スポット型は天井高が8m未満までしか設置できないので，リハ
ビリ室にはp.237巻末資料6の③より，光電式スポット型2種（煙式2種）を設
置します。

② 感知器の個数

＜熱感知器＞

1．差動式スポット型（2種）の感知面積

差動式スポット型感知器（2種）の感知面積は次のとおりです。

```
（4m未満）      4m      （4m以上）
─────────────┼─────────────
① 耐火：70㎡      ② 耐火：35㎡
  その他：40㎡        その他：25㎡
```

条件の2より，天井面の高さは，リハビリ室以外は3.6mなので，感知面積は，**70
㎡**となります。

（感知面積は **70㎡**）

- **病室 A**

    床面積は，$4.5 \times 7 = 31.5 \, \text{m}^2$ となるので，**1個**を設置します。

- **病室 B**

    床面積は，$4.5 \times 12 = 54 \, \text{m}^2$ となるので，**1個**を設置します。

- **病室 C**

    床面積は，$13 \times 6.5 = 84.5 \, \text{m}^2$ となるので，

    $$84.5 \div 70 \fallingdotseq 1.20$$

    ……より，繰り上げて **2個**設置します。

- **ナースステーション**

    床面積は，$10 \times 5 = 50 \, \text{m}^2$ となるので，**1個**を設置します。

- **倉庫**

    床面積は，$3 \times 5 = 15 \, \text{m}^2$ となるので，**1個**を設置します。

2．定温式スポット型感知器（1種）

定温式スポット型感知器（1種）の感知面積は次のようになります。

（取り付け面の高さ）

（4 m 未満）　　　　4 m　　　（4 m 以上）

────────────│────────────

①　**耐火：60 m²**　　　②　耐火：30 m²
　　その他：30 m²　　　　　　その他：15 m²

天井高は $3.6 \, \text{m}$ なので，感知面積は **60 m²** になります。

- **洗面所**

    床面積は，$4 \times 5 = 20 \, \text{m}^2$ となるので，**1個**を設置します。

＜煙感知器＞

1．煙感知器（2種）

- **リハビリ室**

    感知面積は，p.236 より $75 \, \text{m}^2$ となります。

    床面積は，$13 \times 11 = 143 \, \text{m}^2$ となるので，$143 \div 75 = 1.906 \cdots$ より，**2個**を設置します。

- **廊下**

    歩行距離が $30 \, \text{m}$ を超えるので，解答例のように，**2個**を設置します。

（5）回路の末端の位置を決めて配線ルートを決め，配線をする

　条件の7より，終端抵抗は，「病室A」に設置しなければならないので，今回は解答例のような，機器収容箱～病室C～リハビリ室～廊下の煙感知器～病室A～病室B～病室Aというルートをとって配線しました（法令基準に適合していれば別のルートでもよい）。従って，病室A～病室Bのルートは往復になるので，4本になります。

問2の解答・解説

●問2　設問1，設問2，設問3の解答●

設問1

設置する感知器	設置個数
差動式スポット型感知器　2種	12個
定温式スポット型感知器　1種	14個
定温式スポット型感知器　2種	40個
定温式スポット型感知器　特種	12個

設問2

2個

設問3

1，2

問2　設問1，設問2，設問3の解説

設問1

1．差動式スポット型感知器（2種）

　感知面積は次のとおりです。

（4m未満）　　4m　　（4m以上）
───────────｜───────────
①　**耐火：70 m²**　　②　耐火：35 m²
　　その他：40 m²　　　　その他：25 m²

天井高は3.8mなので，感知面積は **70 m²** になります。

よって，感知器設置個数は，（40×20）÷70＝11.42……より，繰り上げて **12個** となります。

2．定温式スポット型感知器（1種）

感知面積は次のとおりです。

（取り付け面の高さ）

（4m未満）　　　4m　　（4m以上）
─────────── ｜ ───────────

① **耐火：60 m²**　　　② 耐火：30 m²
　その他：30 m²　　　　その他：15 m²

天井高は3.8mなので，感知面積は **60 m²** になります。
よって，感知器設置個数は，800÷60＝13.33
……より，繰り上げて **14個** となります。

3．定温式スポット型感知器（2種）

感知面積は次のとおりです（P.237の巻末資料6より，定温式スポット型感知器（2種）は4m未満のみ設置可能）。

（取り付け面の高さ）

（4m未満）　　　4m　　（4m以上）
─────────── ｜ ───────────

① 耐火：20 m²
　その他：15 m²
　よって，感知器設置個数は，800÷20＝**40**（個）となります。

4．定温式スポット型感知器（特種）

感知面積は，前頁，一番下にある設問1の1．の差動式スポット型感知器（2種）と同じなので，設置個数も同じく，**12個** となります。

設問2　　まず，居室の床面積は，$40 \times 20 = 800 \text{ m}^2$ になりますが，問題の条件に「主要な出入り口から内部を見通せる」というのがないので，警戒区域は600 m^2 以下となり，2警戒区域となります。

また，居室の横方向の距離は40 m であり，公称監視距離*が55 m であるなら監視範囲となるので，送光部と受光部を横方向に設置します。

＊公称監視距離

　光電式分離型と炎感知器での煙や火炎を監視できる距離のことを言い，光電式分離型では5 m 以上100 m 以下（5 m 刻み）となっている。

また，光電式分離型感知器の設置基準は次のようになります。

---

①　光軸が並行する壁から光軸までの距離は**0.6以上7.0 m 以下**
②　光軸間の距離は**14 m 以下**
③　送光部（または受光部）とその背部の壁の距離は**1.0 m 以下**

　まず，下図のaとbを用いて式を作成すると，
a + 2 b = 20，となりますが，
aは**14 m 以下**，
bは**0.6 m 以上7.0 m 以下**の値しか取れないので，
今回は，aを**10 m** とし，10 + 2 b = 20 より，
bを**5 m** とすれば各警戒区域に1個ずつ設置することができるので，感知器設置個数は2個となり，次頁の図のようになります。

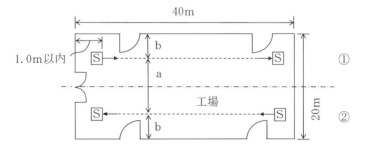

(注：干渉を防ぐため送光部と受光部は一般に逆向きに設置します。)

図9－6

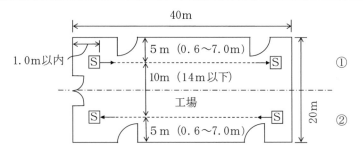

(注：干渉を防ぐため送光部と受光部は一般に逆向きに設置します。)

図9－7

設問3

　光電式分離型感知器の光軸は，**天井高の80％以上**の高さに設ける必要があるので，天井高が10mだと，その0.8倍，すなわち，**8m以上**の高さに設置すればよいことになります。

　よって，**8m，9m，10m**となるので，1，2が正解です。

第10回目の問題

第10回目の問題

【問１】　図 10－1 は, 令別表第１第８項に該当する平家建ての美術館である。次の各設問に答えなさい。

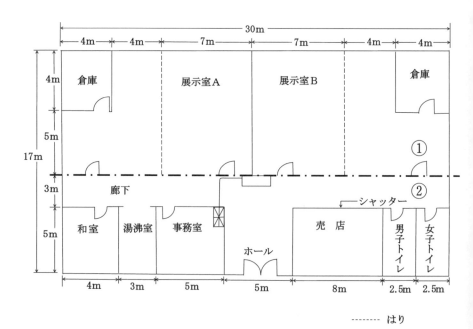

図 10－1　美術館の平面図

設問１　倉庫を含む展示室 A, B に自動火災報知設備を設置する場合, 次の条件に基づき, 凡例記号を用いて設備図を完成させなさい。　　　　　　（解答⇒P. 145）

設問２　展示室以外の部分に自動火災報知設備を設置する場合, 下記条件に基づき, 凡例記号を用いて設備図を完成させなさい　　　　　　（解答⇒P. 145）

<条件>

1. この美術館は耐火構造であり，消防法施行規則第5条の2に定める普通階である。

2. 警戒区域は，展示室と他の部分を別の警戒区域とし，法令基準に従う最少警戒区域数とすること。

3. 天井面の高さは展示室部分が6m，その他の部分が4.2mであり，はりの高さは展示室Aが40cm，展示室Bが60cmである。

4. 展示室Aは差動式分布型（熱電対式）感知器，展示室Bは，差動式分布型感知器（空気管式）を感知区域ごとに検出部を設置すること。

   なお，検出部は，機器収容箱内に設けるものとする。

5. 受信機は事務所に設置されており，感知器，発信機，ベルは，法令基準に従う最少必要個数を設置すること。

6. 機器収容箱には，ベル，表示灯，発信機を収納すること。

7. 終端抵抗は機器収容箱に収納すること。

8. 受信機から機器収容箱までの配線本数の表示は省略してよい。

9. ホールは廊下に準ずる用途とする。

＜凡例＞

記号	名　　称	備　　考
⧖	受信機	P 型 1 級 10 回線主ベル内蔵
▢	機器収容箱	Ⓟ◖Ⓑを収容
⊖	差動式スポット型感知器	2 種
⊕	定温式スポット型感知器	1 種防水型
──	差動式分布型感知器(空気管式)	貫通箇所は，－○－○－とする。
■▬■	差動式分布型感知器(熱電対式)	小屋裏および天井裏へ張る場合は ─▭─とする
✕	差動式分布型感知器検出部	
Ⓢ	光電式スポット型感知器	2 種
Ⓟ	発信機	P 型 1 級
◖	表示灯	AC 24 V
Ⓑ	ベル	DC 24 V
Ω	終端抵抗	
─╫─	配　線	2 本
─╫╫╫─	配　線	4 本
ⓃⓄ	警戒区域番号	
──‐‐	警戒区域境界線	

【問2】

　図10-2において，次の各設問に答えなさい。ただし，発信機および表示灯は屋内消火栓設備と兼用するものとする。

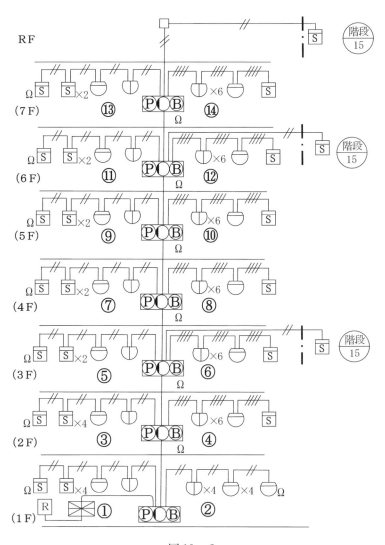

図10-2

設問1　感知器回路の共通線を最も短い方法で施工するためには，各共通線をど
のように接続したらよいか，警戒区域番号で答えなさい。
　　ただし，共通線への接続順位は最上階（警戒区域 No, 15）からとする。

（解答⇒P. 149）

解答欄

1 の共通線	2 の共通線	3 の共通線

設問2　耐熱配線で施工しなければならない配線名を2つ答えなさい。

（解答⇒P. 149）

解答欄

設問3　1階の機器収容箱から受信機間の地区音響装置の配線（ベル線）の本数
を答えなさい。ただし，地区音響装置を区分鳴動方式とすること。

（解答⇒P. 149）

解答欄

本

＜凡例＞

記号	名　称	備　考
▷◁	受信機	P型2級5回線主ベル内臓
☐	機器収容箱	
◯	差動式スポット型感知器	2種
S	煙感知器	2種
P	発信機	P型2級
◗	表示灯	AC 24 V
B	ベル（地区音響装置）	DC 24 V
Ω	終端抵抗	
—//—	配　線	2本
—///—	配　線	4本
(No)	警戒区域番号	①～③

問1の解答・解説

●問1　設問1，設問2の解答●

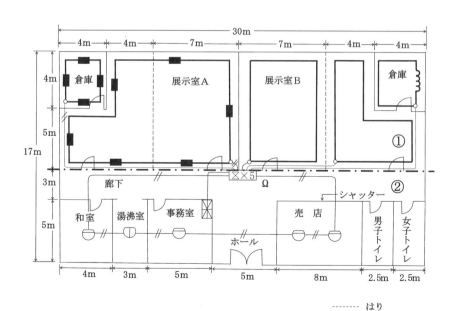

図10-3　問1の解答例

問1　設問1，設問2の解説

設問1　まず，展示室 A から順に解説していきます。

ア．展示室 A

熱電対式については出題例があまりありませんが，一応，知識として理解しておく必要があるでしょう。

さて，熱電対式の設置基準を確認しておきます。

> ①　熱電対部の最低接続個数は <u>1 感知区域ごとに **4 個以上**</u> 設けること。
> ②　熱電対部の最大個数は，<u>1 つの検出部について **20 個以下**</u> とすること。
> 　（①は 1 つの感知区域ごとの最低個数，②は 1 つの検出部ごとの最大個数についての制限です。）

これからもわかるように熱電対式は熱電対の「個数」で判断します。

このあたりの空気管式との違いを確実に把握しておいてください。

また，熱電対の具体的な設置個数は，耐火構造の場合，次のようになります。

> （a）　感知区域の床面積が 88 m^2 以下の場合
> 　～ 4 個以上設置
> （b）　88 m^2 を超える場合
> 　～ 4 個プラス 88 m^2 を超える 22 m^2 ごとに 1 個追加する
>
> 　　　　（88 m^2 以下）　88 m^2 　　　　（88 m^2 超）
> 　　　　───────────|───────────
> 　　　　4 個以上設置　　22 m^2 ごとに＋1 個

つまり，耐火の場合，床面積を 22 m^2 で割り，小数点以下を繰り上げればよいだけです（計算結果が 4 個未満となった場合は，4 個にする）。

さて，展示室 A には 40 cm のはりがありますが，差動式分布型感知器の場合，60 cm 以上のはりでないと感知区域が区分されないので，このはりは無視します。

従って，展示室 A のみで 1 つの感知区域となり，

床面積は，$(15 \times 9) - (4 \times 4) = 135 - 16 = 119$ m^2 となるので，22 m^2 で割ると，$119 \div 22 = 5.40\cdots\cdots$，より，**6 個**となります。

　一方，別の感知区域となる倉庫の床面積は 16 m² であり，上記の「(a)　感知区域の床面積が 88 m² 以下の場合」に該当するので，**4 個**設置して，この感知区域専用の検出部を機器収容箱内に設置します。(図 10 − 3 参照)。

　なお，熱電式の場合，電線を用いるので，解答例のように 2 本の斜線を引いておくことも忘れないようにしてください。

イ．展示室 B

　まず，差動式分布型感知器（空気管式）の基準は次のとおりです。

---

① 　空気管は他の感知器同様，取り付け面の下方 **0.3 m 以内**（注：煙感知器は **0.6 m 以内**）に設けること。

② 　空気管の露出部分（熱を感知する部分）は感知区域ごとに **20 m 以上**とすること。(この基準を満たさない場合は，一部をコイル巻きにする)

③ 　一つの検出部に接続する空気管の長さは **100 m 以内**とすること。

④ 　感知器の検出部は，**5 度以上**傾斜させないように設けること。

⑤ 　空気管は，感知区域の取り付け面の各辺から **1.5 m 以内**に設けること。

⑥ 　空気管の相互間隔について
　原則として，耐火は **9 m 以下**，非耐火は **6 m 以下**とすること。
　(感知区域の形状等により例外が認められている)

　次に，条件 3 より，天井面の高さが 6 m なので，巻末資料 6 (P.237) より，差動式分布型感知器（空気管式）を設置できることを確認しておきます。

　また，展示室 B にあるはりは 60 cm なので，この部分で感知区域が区分されます。

　それと，展示室 B の左の感知区域は，前記の基準⑥の「耐火は 9 m 以下」という基準をクリアしているので，解答例のように布設します（右側の感知区域も同じ）。

　また，倉庫については，前記の基準②を満たしていないので，解答例のように一部をコイル巻きにしておきます。

　そして条件 4 より，検出部は感知区域ごとに設置するので，解答例のように布設し，最後に検出部のマークと個数を表示しておきます（次頁図 10 − 4 参照）。

　設問 2　製図の解答の手順 (P.34) より，(3) 以降から説明いたします。

(3) 感知器を設置しなくてもよい場所を確認する

　トイレのみになります。

（4）各室に設ける感知器の種別，および個数の割り出し

① 感知器の種別

　　まず，巻末資料3（P.234）より，煙感知器でなければならない部分を確認すると，廊下とホールが該当することになりますが（条件1より，無窓階ではないので，ここだけになる），この建物は令別表第1第8項の防火対象物であり，巻末資料2（P.233）の廊下，通路に煙感知器を設置しなければならない防火対象物に該当せず，条件9より，廊下及び廊下に準ずる用途のホールには設置する必要はありません。

　　その他は，**湯沸室に定温式スポット型感知器（1種防水型）**を設置するほかは，**差動式スポット型感知器（2種）**を設置しておきます。

　　なお，売店のシャッターですが，<u>シャッターは感知区域を形成する要素に含まれている</u>ので，売店にも感知器を設置しておきます。

② 感知器の個数

1．差動式スポット型感知器（2種）の場合

　　条件の3より，天井高が4.2 m なので，巻末資料5（P.236）より，感知面積は **35 m²** になります。

（感知面積は **35 m²**）

・**和室**

　　床面積は，$4 \times 5 = 20$ m² となるので，**1個**を設置します。

・**事務室**

　　床面積は，$5 \times 5 = 25$ m² となるので，同じく**1個**を設置します。

・**売店**

　　床面積は，$8 \times 5 = 40$ m² となるので，

　　　　$40 \div 35 = 1.14\cdots$より，繰り上げて**2個**を設置します。

2．定温式スポット型感知器（1種）の場合

　　天井高が4.2 m なので，巻末資料5（P.236）より，感知面積は **30 m²** になります。

（感知面積は **30 m²**）

・**湯沸室**

　　床面積は，$3 \times 5 = 15$ m² なので，**1個**を設置します。

（5）回路の末端の位置を決めて配線ルートを決め，配線をする

条件の7より，終端抵抗は機器収容箱内に設置するので，今回は，機器収容箱から出発して，売店～和室～機器収容箱というルートを取り，機器収容箱内の発信機を経てこの終端抵抗で終了するルートを取りました（法令基準に適合していれば別のルートでもよい）。

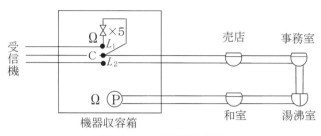

図 10 - 4　　配線概略図

問2の解答・解説

●問2　設問1，設問2，設問3の解答●

設問1

1の共通線	2の共通線	3の共通線
⑮, ⑭, ⑬, ⑫, ⑪, ⑩, ⑨	⑧, ⑦, ⑥, ⑤, ④, ③, ②	①

設問2

ベル線と表示灯線

設問3

8　本

問2　設問1，設問2，設問3の解説

設問1　感知器回路の共通線を最も短い方法で施工するためには，受信機からより遠くの警戒区域まで行っている共通線に，より多くの警戒区域を接続すればよいことになります。

　　そうすれば，他の共通線が上階までいかなくて済むので，その分，共通線の総延長をより短くすることができます。

　　第6回の問2の設問1の解説（P.102の「共通線」）より，共通線は**3本必要**になるので，「接続順位は最上階から」を考慮して，先ず，1の共通線に，⑮，⑭，⑬，⑫，⑪，⑩，⑨と7警戒区域フルに接続し，次の2の共通線には，⑧，⑦，⑥，⑤，④，③，②と，同じく7警戒区域フルに接続し，そして，最後の3の共通線には，①のみを接続すればよいことになります。

　　このように接続することによって，2の共通線は4階まで，3の共通線は1階のみで済み，その分，共通線の総延長が短くて済みます。

設問2　耐熱配線で施工しなければならないのは，原則としてベル線だけですが，問題の条件より，発信機が屋内消火栓設備の起動装置と兼用（連動）しているので，**表示灯線**も耐熱配線（HIV線）とする必要があります。

設問3　まず，発信機が屋内消火栓設備の起動装置と兼用している場合の配線の内訳は次のとおりです。

〈IV線（600Vビニル絶縁電線）〉	本数
表示線　（L）	1本（警戒区域ごとに1本）
●共通線　（C）	1本（7警戒区域ごとに1本増加する）
●応答線　（A）	1本（発信機の応答ランプ用）
●電話線　（T）	1本（発信機の電話用）
〈HIV線（耐熱電線）〉	
表示灯線（PL）	2本
●ベル線　共通線（BC）	1本
●ベル線　区分線（BF）	1本（階数ごとに1本ずつ増加）

この表からもわかると思いますが，発信機が屋内消火栓設備の起動装置と兼用している場合のベル線は，共通線が1本のままで，区分線は下の表より，上階より1本ずつ増えていきます。

		7F	6F	5F	4F	3F	2F	1F
HIV	ベル共通線（BC）	1	1	1	1	1	1	1
	ベル区分線（BF）	1	2	3	4	5	6	7
	計	2	3	4	5	6	7	8

よって，1階の機器収容箱から受信機間のベル線は，共通線1本と区分線が7本の計8本になります。

第11回

第11回目の問題

第11回目の問題

【問1】　図11-1は,主要構造部が耐火構造である地下1階,地上2階建てのレストラン（消防法施行令第3項ロ）の2階平面図である。この建物に自動火災報知設備を設置する場合の設備平面図について,次の各設問に答えなさい。

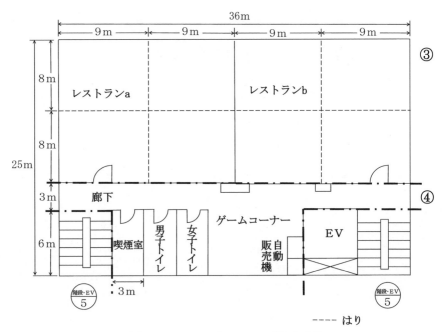

図11-1　レストランの2階平面図

設問1　レストラン部分の設備図を,次の条件に基づき,凡例記号を用いて完成させなさい。ただし,天井面から突出したはりは,レストランaが55cm,レストランbが65cmとする。　　　　　　　　　　　　　　（解答⇒P.159)

設問2　レストラン以外の部分の設備図を完成させなさい。　　（解答⇒P.159)

<凡例>

記号	名　　称	備　　考
▷◁	受信機	P型1級10回線主ベル内蔵
▭	機器収容箱	Ⓟ◖Ⓑを収容
◠	差動式スポット型感知器	2種
◖|◗	定温式スポット型感知器	1種防水型
──	差動式分布型感知器(空気管式)	貫通箇所は，－○－○－とする。
⊠	差動式分布型感知器検出部	
Ⓢ	光電式スポット型感知器	2種
Ⓟ	発信機	P型1級
◖	表示灯	AC 24 V
Ⓑ	ベル	DC 24 V
Ω	終端抵抗	
─╫─	配　線	2本
─╫╫─	配　線	4本
⸱⸓	配線引下げ	
(No)	警戒区域番号	
━ ― ━	警戒区域境界線	

＜条件＞

1. 主要構造部は耐火構造であり，無窓階には該当しない。
2. 警戒区域は，図のように，レストラン部分とその他の部分，及び階段等の たて穴部分の3つの警戒区域とする。
3. 天井面の高さはレストラン部分が6m，その他の部分が4.1mである。
4. レストラン部分は，差動式分布型感知器(空気管式)，他の部分は，法令に 基づいた感知器を設置し警戒すること。

   なお，検出部は，レストランaについては機器収容箱に，レストランb については，エレベーター前のボックスに設置すること。
5. ゲームコーナーは，廊下に面する部分が開放されているものとする。
6. 受信機は他の階に設置されており，感知器，発信機，ベルは，法令基準に 従う最少個数を設置すること。
7. 機器収容箱にはベル，表示灯，発信機を収納すること。
8. 終端抵抗は警戒区域③については，エレベーター前のボックス，警戒区域 ④については，喫煙室に設けること。
9. 受信機は別の階に設置してあり，また，受信機から機器収容箱までの配線 の表示は省略してよい。
10. 階段は別の階で警戒しているものとする。

【問2】

　下の図11－2は，主要構造部を耐火構造とした政令別表第一 (15) 項に該当するビルの断面図である。下の条件に基づき，次の各設問に答えなさい。

＜条件＞

1. 感知器は，法令上必要とされる最少の設置個数とする。
2. EV 昇降路の頂部と EV 機械室との間に開口部がある。
3. EV 昇降路及びダクトの水平断面積は 1 m² 以上である。
4. 各階の床面積は 1 〜 6 階が 1100 m²，地階が 600 m² で，各階の警戒区域の一辺の長さは 50 m 以下である。

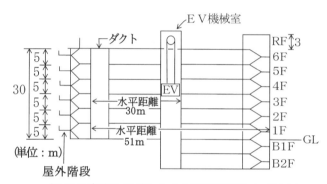

（EV昇降路及びダクトの水平断面積は 1 ㎡以上）

図11－2　ビルの断面図

設問1

　上の図11－2の階段室，EV 昇降路及びダクトの適切な位置に，凡例の記号を用いて感知器を記入しなさい。なお，電気配線等の記入は不要とする。

（解答⇒P.163）

＜凡例＞

記号	名　　称	備　　考
⬭	差動式スポット型感知器	2種
S	光電式スポット型感知器	2種
◯	定温式スポット型感知器	2種

設問2

　　この建物の警戒区域の数は，法令上，最低限いくつ必要とされるか答えなさい。

（解答⇒P. 163）

解答欄

警戒区域

設問3　この建物の感知器回路の共通線の必要最少本数を答えなさい。

（解答⇒P. 163）

解答欄

本

設問4　この建物に使用するのに適する受信機の種別を答えなさい。

（解答⇒P. 163）

解答欄

問1の解答・解説

●問1　設問1，設問2の解答●

設問1，設問2

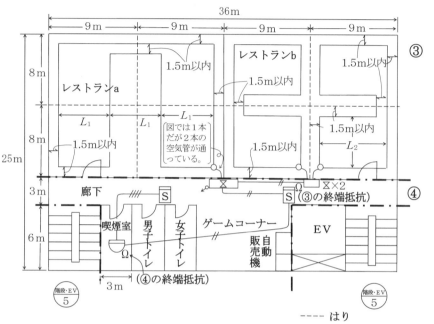

図11-3　問1，設問1，設問2の解答例

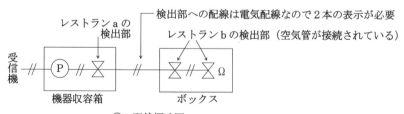

③の配線概略図

図11-4　問1の機器収容箱とボックス間の配線詳細図

問1　設問1，設問2の解説

いつものように，製図の手順を記しておきます。

＜製図の解答の手順＞

（1）警戒区域を設定する。

（2）機器収容箱の位置を決める。

（3）感知器を設置しなくてもよい場所を確認する。

（4）各室に設ける感知器の種別，および個数の割り出しをする。

（5）回路の末端の位置を決めて配線ルートを決め，配線をする。

設問1

　　設問1では，条件で警戒区域のほか，感知器の種別も定められているので，あとは，設置して配線のみになります。

　　そこで，差動式分布型感知器（空気管式）の設置基準のポイントを挙げておきます。

＜差動式分布型感知器（空気管式）の設置基準のポイント＞

（1）空気管の露出部分（熱を感知する部分）は感知区域ごとに**20 m 以上**とすること。

（2）一つの検出部に接続する空気管の長さは**100 m 以内**とすること。

（3）空気管は，感知区域の取り付け面の各辺から**1.5 m 以内**に設けること。

（4）空気管の相互間隔について。

　　原則として，耐火は**9 m 以下**，非耐火は**6 m 以下**とすること。

（5）2辺省略

　　1辺を**6 m 以下**（非耐火は5 m 以下）にすれば他辺を**9 m 以上**（非耐火は6 m 以上）にすることができる。

　　さて，設問1では，図のはりが，55 cm と 65 cm の場合を想定しており，感知区域の定義が

　　『壁，または取り付け面から0.4 m 以上（**差動式分布型**と煙感知器は**0.6 m 以上**）突き出したはりなどによって区画された部分』

となっているので，レストランaの55 cmでは区画されず，レストランbの65 cmのはりでは区画されることになります。

従って，レストランａでは，レストランａ全体で１感知区域，レストランｂでは，それぞれのはりで感知区域が区分されることになります。

なお，「１つの検出部に接続する空気管の長さは100ｍ以下」という条件を考慮すると，レストランａでは，解答例のように全体で１つの検出部，レストランｂでは，２つに分けて布設する必要があり，検出部も２個設置する必要があります。

ア．レストランａ

前記の基準３の「取り付け面の各辺から1.5ｍ以内」を考慮して布設しますが，レストランａの横の長さは18ｍであり，取り付け面及び異なる検出部に接続する空気管からの距離を各1.5ｍ付近にとれば（計３ｍ），図の L_1 を６ｍ以下に収めることができるので，前記設置基準の（５）が適用でき，解答例のように，縦方向の間隔を９ｍ以上にすることができます（２辺省略）。

最後に空気管が壁を貫通する部分に○と機器収容箱までの配管を記入し，機器収容箱内に検出部のマークと，条件８より，終端抵抗は機器収容箱に収納しなければならないので，終端抵抗のマークも記入しておきます。

イ．レストランｂ

レストランａと同様に設置していきますが，はりが65cmなので，この部分で感知区域が区分されます。

よって，解答例のように，４つの感知区域となりますが，解答例のように布設すれば L_2 は「空気管相互の間隔を９ｍ以下（非耐火は６ｍ以下）」という前記設置基準の（４）をクリアできるので，問題ありません。

また，すべての空気管を合わせると100ｍを超えるので，図のように左右の上下１組ずつで１つの検出部とし，ボックスにも検出部のマークを２つ表示しておきます。

なお，レストランｂの場合は，はりからの距離も1.5ｍ以内とする必要があるあたりにも注意してください。

そして，最後に，レストランａと同様，空気管が壁を貫通する部分に○とボックスまでの配管を記入し，ボックスの横に検出部のマークと個数の×２と条件８より，終端抵抗のマークも記入しておきます。

設問2

　　レストラン以外の部分については，条件5にゲームコーナーは，廊下に面する部分が開放されているものとする，とあるので，感知区域を形成できず，

　　また，トイレも感知器を省略でき，

さらに，条件10に「階段は別の階で警戒区域しているものとする」とあるので，階段も省略することができ，あとは廊下と喫煙室のみになります。

　　よって，喫煙室にはたとえ地下であっても**差動式スポット型感知器（2種等）**を設置する必要があり（巻末資料7参照）廊下については歩行距離が30 mを超えるので，**煙感知器（2種）**を2個設置しておきます。

　　配線については，条件の8に終端抵抗は喫煙室に設けること，とあるので，喫煙室から廊下に配線したあと，再度，喫煙室に戻り（⇒往復の4本配線），そこを終端とする必要があります。

　　なお，機器収容箱（総合盤）については，一般的に1警戒区域に1つ設置するのが原則ですが，本試験では，本問のように，2つの警戒区域で1つの機器収容箱しか設置していないケースもあります（⇒機器収容箱に収納されている表示灯，地区音響装置，発信機の基準（地区ベルが水平距離25 m以下，発信機が歩行距離50 m以下）を満たしているため，いずれかの警戒区域のみに接続されている）

問2の解答・解説

●問2　設問1～設問4の解答●

設問1

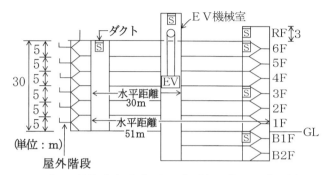

（EV昇降路及びダクトの水平断面積は1㎡以上）

図11-5　問2，設問1の解答例

設問2

17	警戒区域

設問3

3	本

設問4

P型1級受信機

問2　設問1〜設問4の解説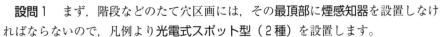

設問1　まず，階段などのたて穴区画には，その**最頂部**に煙感知器を設置しなければならないので，凡例より**光電式スポット型**（2種）を設置します。

さて，**階段**については，地階が2以上ある場合は，まず地階部分と地上部分を分け，その上で，煙感知器は <u>15 m</u> につき1個設置なので，B1F，3F，6FおよびRF（階段はたて穴区画なので，その**最頂部**にも設けなければならない）の天井に設置しておきます（2F，4F，RFでもかまわない）。

また，**エレベーター昇降路**や**パイプダクト**などのたて穴区画で，条件3のように，水平断面積が**1 m² 以上**あれば煙感知器を設置しなければなりません。

その場合，パイプダクトの場合は，その**最頂部**に煙感知器を設置し，また，条件の2より，EV昇降路の頂部とEV機械室との間に開口部があれば，（煙が流通するので）**EV機械室の上部**に煙感知器を設置しておきます。

設問2　まず，地上階ですが，1フロアの床面積が1100 m² なので，1警戒区域が600 m² 以下より，1フロアで2警戒区域となります。よって，6階あるので，**12警戒区域**となります。また，地階は1フロアで1警戒区域として2警戒区域となります。

次にたて穴区画ですが，階段は地階の階数が2なので，地上階とは別の警戒区域とする必要があり（B1Fまでなら，同じ警戒区域にできる），地階の階段だけで<u>1警戒区域</u>とします。

また，地上階では，ダクトと屋内階段の距離が50 m超なので，同じ警戒区域にはできず，地上部分の階段＋EVで<u>1警戒区域</u>，ダクトで<u>1警戒区域</u>となります。

従って，12＋2＋1＋1＋1＝**17警戒区域**となります。

なお，屋外階段は警戒区域に参入されないので，注意してください。

設問3　警戒区域数は設問2より17警戒区域なので，共通線は「7警戒区域に1本」より，**3本**必要になります。

設問4　まず，設問3で共通線と出ているので，共通線を有しないR型受信機やアナログ式受信機は除外します。

また，凡例にも自動火災報知設備の感知器が提示されているので，ガス漏れ火災警報設備の受信機も除外します。

よって，警戒区域数が17なので，**P型1級受信機**を設けます。

第12回

第12回目の問題

第12回目の問題

【問1】 図12-1は，耐火構造の平屋建て，工場平面図である。下記の条件に基づき，示された凡例記号のみを用いて次の各設問に答えなさい。なお，工場部分は主要な出入り口から内部を見通すことができるものとし，また，この建物は無窓階には該当しない。

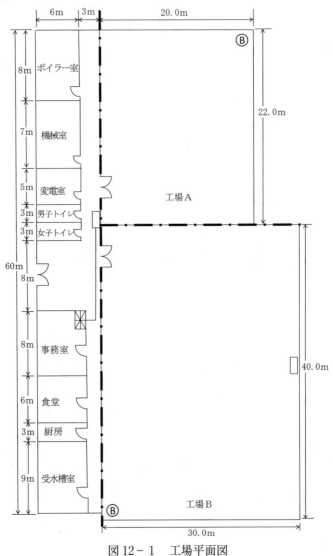

図12-1 工場平面図

<条件>

1. 工場部分は，光電式分離型感知器により警戒され，この感知器の公称監視距離は 5 m 以上 35 m 以下とする。
2. 天井の高さは，工場部分は A,B とも 12 m，工場以外の部分については 3.8 m とする。
3. 受信機から機器収容箱および機器収容箱間の配線は省略するものとする。
4. 終端抵抗，P 型発信機，表示灯，地区音響装置を機器収容箱（工場 A とその他の部分は廊下，工場 B は工場 B 内にある機器収容箱）に設けること。
5. 設置する感知器は，法令基準により必要最少個数とすること。
6. 工場以外の部分に煙感知器を設ける場合は，法令基準により必要となる場所以外には設置しないこと。
7. 警戒区域番号は，工場 A→工場 B→工場以外の部分の順に付すこと。

<凡例>

記号	名　　称	備　　考
⊖	差動式スポット型感知器	2 種
⊖	定温式スポット型感知器	1 種
⊖	定温式スポット型感知器	1 種防水型
S	煙感知器	光電式 2 種
S→	光電式分離型感知器送光部	〃
→S	光電式分離型感知器受光部	〃
⋈	受信機	P 型 1 級
— - —	警戒区域境界線	
(No)	警戒区域番号	
(P)	P 型発信機	1 級
◐	表示灯	
(B)	地区音響装置	
▭	機器収容箱	
Ω	終端抵抗	
—//—	配　線	2 本
—///—	配　線	3 本
—////—	配　線	4 本
--------	光　軸	

設問1　工場 A について，法令基準上最も少ない区分で光電式分離型感知器を設置し，警戒区域境界線及び警戒区域番号とともに図中に記入しなさい。ただし，配線および結線は省略すること。　　　　　　　　　　　　　　　　　（解答⇒P. 171）

設問2　工場 B について，法令基準上最も少ない区分で光電式分離型感知器を設置し，警戒区域境界線及び警戒区域番号とともに図中に記入しなさい。ただし，配線および結線は省略すること。　　　　　　　　　　　　　　　　　（解答⇒P. 171）

設問3　工場以外の部分を，法令基準に従い適応する感知器を用いて警戒し，設備図を完成させなさい（警戒区域境界線及び警戒区域番号も記入すること）。ただし，配線は機器収容箱からの感知器回路とし，終端抵抗，P 型発信機，表示灯，地区音響装置を機器収容箱に設けること。　　　　　　　　　　（解答⇒P. 171）

【問2】　建物全体が事務所の用途に供される防火対象物の感知器の設置について，次の各設問に答えなさい。

設問1　下の図12−2で示した廊下に煙感知器（光電式スポット型2種）を設置する場合の感知器相互間の歩行距離 A の数値を答えなさい。　　　（解答⇒P. 176）

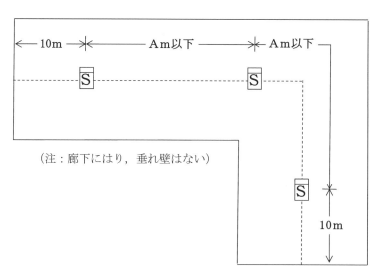

図12−2　廊下に煙感知器を設置する場合

解答欄

歩行距離 A	m 以下

設問2

　下の図 12-3 は，煙感知器を設けないことができる廊下を示したものである。図中の歩行距離 B の数値を答えなさい。　　　　　　　　　　　　（解答⇒P.176）

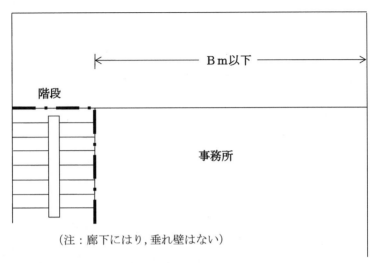

（注：廊下にはり，垂れ壁はない）

図 12-3　煙感知器を設けないことができる廊下

解答欄

歩行距離 B	m 以下

問1の解答・解説

●問1　設問1，設問2，設問3の解答●

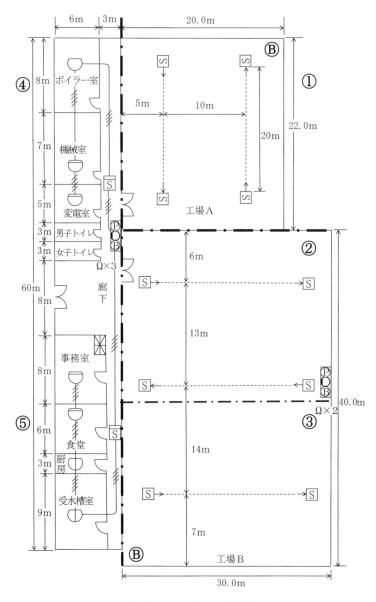

図 12－4　問1の解答例

問1　設問1，設問2，設問3の解説

設問1　まず，天井の高さが12mということなので，光電式分離型感知器の2
種を設置できることを，まずは，確認しておきます（⇒P. 237 巻末資料6）。

　　さて，警戒区域の1辺の長さについては，原則として **50m以下** とする必要が
ありますが，光電式分離型感知器の場合は 100m以下 とすることが出来るので，
工場A，Bともその条件を満たしており，かつ，問題の条件に「主要な出入り
口から内部を見通すことができる」とあるので，1警戒区域を **1000 ㎡以下** まで
に設定することができます。

　　従って，工場Aについては，1警戒区域，工場Bについては2警戒区域とす
る必要があります（P. 171 の解答例参照）。

　　次に，光電式分離型感知器の設置基準を確認しておきます。

<光電式分離型感知器の設置基準>
1．壁から光軸までの距離は **0.6 以上 7.0m以下**
2．光軸間は **14m以下**
3．送光部（または受光部）と壁の距離は **1.0m以下**

　　これと，この光電式分離型感知器の公称監視距離が条件1より **5m以上 35m
以下** という条件も併せて，どのように設ければ基準を満たすかを考えます。

　　まず，送光部と受光部を縦に1組設置した場合を考えたいと思います。
送光部と受光部を中央に設置しても，光軸から壁までが10mとなるので，①の
0.6 以上 7.0m以下という基準を満たしません。

　　次に，2組を設置した場合を考えます。
　　①の壁から光軸までの距離を上限値の7.0mに設定すると，光軸間は6m
となり，②の基準をクリアします。よって，2組設置とします。
　　そこで，今回は，できるだけ左右均等になるように，①の壁から光軸までの
距離を5m，光軸間を10mとしました。
　　なお，警戒区域番号は条件7より警戒区域①となります。また，条件4より，
終端抵抗，P型発信機，表示灯，地区音響装置を機器収容箱に設けなければなら
ないので，記号を表示しておきます。

そして，最後に警戒区域境界線を解答例のように記します。

設問2　まず，公称監視距離の最大値が35 m なので，縦方向には設置できず，横方向に設置します。

　　次に，送光部と受光部を何組設置するかですが，前頁の設置基準1の壁から光軸までの距離を上限値の7.0 m とすると，両サイドでの14 m を 40 m から引くと 26 m。

　　同じく2の光軸間の最大値は14 m なので，間に1組設置すれば何とか基準をクリアできそうなので，3組で設計してみます。

　　ただ，上下対象にすると，光軸が警戒区域線の上に来るので，それを避けるため，解答例のように，若干数値を変えて設置しました。

　　最後に，警戒区域番号（②と③）と警戒区域境界線及び条件4より，P型発信機，表示灯，地区音響装置を機器収容箱（工場Bの右端に設置してあるもの）に設けなければならないので，記号を表示し，終端抵抗も②と③の分である Ω × 2 と表示しておきます。

設問3　この設問については，通常の感知器回路の設計と同様に，設計していきます。

まず，いつものように，製図の解答の手順を記しておきます。

＜製図の解答の手順＞
（1）警戒区域を設定する。
（2）機器収容箱の位置を決める。
（3）感知器を設置しなくてもよい場所を確認する。
（4）各室に設ける感知器の種別，および個数の割り出しをする。
（5）回路の末端の位置を決めて配線ルートを決め，配線をする。

（1）警戒区域を設定する

　　$9 \times 60 = 540\ \mathrm{m}^2$ より，1警戒区域としたいところですが，縦の長さが50 m を超えているので，今回は事務室の部分で警戒区域を分けました。

（2）省略

（3）感知器を設置しなくてもよい室を確認する

　　本問では，男子トイレと女子トイレが該当します。

（4）各室に設ける感知器の種別，および個数の割り出しをする

① 感知器の種別

＜煙感知器でなければならない部分の確認＞ （巻末資料2⇒P. 233）

　　　この建物は無窓階ではないので，煙感知器の設置義務はありませんが，廊下は巻末資料2より，工場（令別表第1第12項）には設置義務があります。

＜熱感知器でなければならない部分の確認＞ （巻末資料3⇒P. 234）

・ボイラー室

　⇒定温式スポット型感知器（1種）を設置しておきます。

・厨房，受水槽室

　⇒定温式スポット型感知器（1種防水型）を設置しておきます。

・機械室，変電室，事務室，食堂

　⇒差動式スポット型感知器（2種）を設置しておきます。

② 感知器の個数

＜煙感知器（2種）の場合＞

　「歩行距離30mにつき1個以上設けること。」より，図の廊下は30mを超えているので，**2個**を設置しておきます。

＜熱感知器の場合＞

　1．定温式スポット型感知器（1種）

　　感知面積は次のようになります。

（取り付け面の高さ）

（4m未満）　　　4m　　（4m以上）

① 耐火：60 m²　　　② 耐火：30 m²

その他：30 m²　　　その他：15 m²

　　耐火で天井高が3.8mなので，感知面積は**60 m²**となります。

（感知面積は **60 m²**）

・ボイラー室

　　床面積は，6×8＝48 m²なので，**1個**を設置しておきます。

・厨房

　　床面積は，6×3＝18 m²なので，**1個**を設置しておきます。

・受水槽室

　　床面積は，6×9＝54 m²なので，**1個**を設置しておきます。

2．差動式スポット型感知器（2種）

感知面積は次のようになります。

（取り付け面の高さ）

（4m未満）　　4m　　（4m以上）
────────┼────────
① 耐火：70 m²　　② 耐火：35 m²
　その他：40 m²　　　その他：25 m²

耐火で天井高が3.8mなので，感知面積は 70 m² になります。

（感知面積は 70 m²）

・**機械室**

床面積は，6×7＝42 m² なので，1個を設置しておきます。

・**変電室**

床面積は，6×5＝30 m² なので，1個を設置しておきます。

・**事務室**

床面積は，6×8＝48 m² なので，1個を設置しておきます。

・**食堂**

床面積は，6×6＝36 m² なので，1個を設置しておきます。

（5）　回路の末端の位置を決めて配線ルートを決め，配線をする

設問の条件より，機器収容箱に終端抵抗があり，配線は機器収容箱からの配線となるので，図のように，警戒区域④は，機器収容箱から廊下上部の煙感知器⇒ボイラー室⇒変電室の往復とし，警戒区域⑤は，機器収容箱から廊下の下の煙感知器⇒受水槽室⇒事務室⇒機器収容箱の往復配線とし，機器収容箱の横に①，④，⑤の終端抵抗を表すΩ×3を記入し，かつ，配線本数に応じた斜線を感知器間などに記入して終了です（別回路でも正解はあります）。

最後に，条件4より，P型発信機，表示灯，地区音響装置を機器収容箱に設けなければなりませんが，すでにP型発信機，表示灯，地区音響装置は警戒区域①で表示してあるので，省略します。

問2の解答・解説

●問2　設問1，設問2の解答●

設問1

解答欄

歩行距離 A	30	m 以下

設問2

解答欄

歩行距離 B	10	m 以下

問2　設問1，設問2の解説

設問1　煙感知器を廊下および通路に設ける場合は,歩行距離 **30 m**（3種は 20 m）につき1個以上設ける必要があります。

　従って，感知器間は歩行距離 **30 m 以下**とする必要があります。

　なお，廊下の端からは歩行距離で 15 m（3種は 10 m）以下の位置に設ける必要があります。

設問2　廊下や通路から階段迄の歩行距離が **10 m 以下**の場合,感知器の設置を省略することができます。

第13回

第13回目の問題

第13回目の問題

【問1】　次の図 13−1（1）（2）は，ある事務所ビルの断面図と平面図の一部
を示したものである。次の各設問に答えなさい。

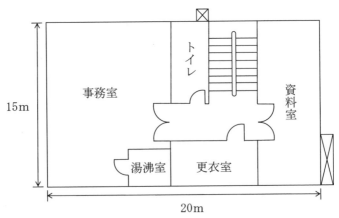

図 13− 1 （1）　事務所ビルの平面図

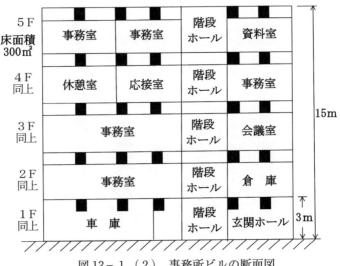

図 13− 1 （2）　事務所ビルの断面図

設問1　この建物に，自動火災報知設備を設置する場合の最少警戒区域数を答えなさい。
　　　　　　　　　　　　　　　　　　　　　　　　　　　　　（解答⇒P.182）

解答欄

警戒区域

設問2　この建物に自動火災報知設備を設置する場合，その受信機として，技術上の基準に基づいて設置可能なものに〇印，不適当なものに×印をして答えなさい。
　　　　　　　　　　　　　　　　　　　　　　　　　　　　　（解答⇒P.182）

ア．P型1級　受信機　　　エ．R型　受信機
イ．P型2級　受信機　　　オ．G型　受信機
ウ．P型3級　受信機

解答欄

ア	イ	ウ	エ	オ

設問3　この建物の感知器回路の共通線の最少必要本数を答えなさい。
　　　　　　　　　　　　　　　　　　　　　　　　　　　　　（解答⇒P.182）

解答欄

本

【問 2】 次頁の図 13－2 の図ア～図ウは，自動火災報知設備が設置されているそれぞれ別の事務所ビルの一部分を示したものである。

それぞれの部分を，下の条件に基づき適切な感知器で警戒しなさい。

（解答⇒P. 183）

＜条件＞

1．作図は，凡例記号を用いて感知器のみ記入する。
2．電気配線等の記入は，不要とする。
3．感知器の設置個数は，法令基準上必要最少個数とすること。
4．煙感知器は，これを設けなければならない場所以外は，設置していないものとする。
5．これらの建物は主要構造部分は耐火構造であり，地階，無窓階ではないものとする。
6．図イにあっては，縦系統の警戒区域のみ考慮するものとする。

＜凡例＞

記号	名　　称	備　　考
	差動式スポット型感知器	2種
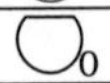	定温式スポット型感知器	特種
	定温式スポット型感知器	1種防水型
	煙感知器	2種

エレベーター昇降路の水平断面積は，$1\ m^2$ である。

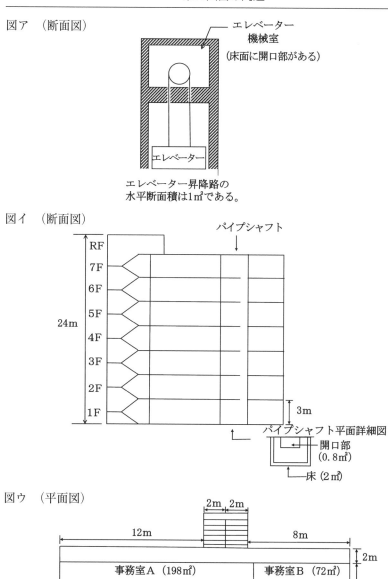

図ア　(断面図)

エレベーター
機械室
(床面に開口部がある)

エレベーター

エレベーター昇降路の
水平断面積は1㎡である。

図イ　(断面図)

パイプシャフト

RF
7F
6F
5F
4F
3F
2F
1F

24m

3m

パイプシャフト平面詳細図

開口部
(0.8㎡)

床 (2㎡)

図ウ　(平面図)

2m 2m

12m

8m

2m

事務室A (198㎡)

事務室B (72㎡)

10m

(天井面の高さ3.5m)

(天井面の高さ4.5m)

図13-2　自動火災報知設備が設置されている，それぞれ別の事務所ビルの一部分

問1の解答・解説

●問1　設問1，設問2，設問3の解答●

設問1

6	警戒区域

設問2

ア	イ	ウ	エ	オ
○	×	×	○	×

設問3

1	本

問1　設問1，設問2，設問3の解説

設問1　まず，1辺の長さは，いずれも50m以下であり，また，床面積も20×15 ＝300㎡と600㎡以下なので，原則として，1フロアで1警戒区域とすることができます。

　　　その場合，上下の床面積の合計が500㎡以下なら上下の階を合わせて1警戒区域数とすることができますが，本問の場合，1フロアが300㎡なので，その条件はクリアできず，原則どおり，1フロアで1警戒区域とします。

　　　ただし，たて穴区画の階段は別警戒区域なので，よって，1F～5Fまでの5警戒区域と階段部分の1警戒区域の計6警戒区域となります。

設問2　警戒区域数が6なので，P型2級受信機（5以下）とP型3級受信機（1）が不適切になります。また，自動火災報知設備の受信機として，オのG型受信機も不適切になります。

設問3　感知器回路の共通線は，7警戒区域ごとに1本なので，警戒区域数が6では，1本でよいことになります。

問2の解答・解説

●問2　設問1，設問2，設問3の解答●

図ア　（断面図）

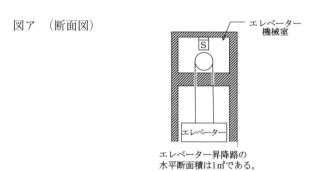

エレベーター昇降路の
水平断面積は1㎡である。

図イ　（断面図）

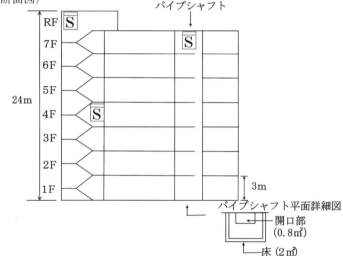

パイプシャフト平面詳細図

図ウ　（平面図）

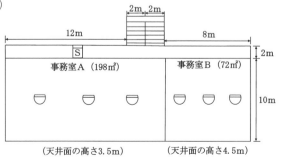

図13-3　問2の解答図

問2　設問1，設問2，設問3の解説

図ア

　第11回，問2（P.157）でも似たような問題がありましたが，エレベーター昇降路やパイプダクトなどのたて穴区画で，水平断面積が**1 m² 以上**あれば**煙感知器**をその**最頂部**に設置しなければなりません。

　また，EV 昇降路の頂部と EV 機械室との間に図のような開口部があれば，**EV機械室の上部**に煙感知器を設置しておきます。

図イ

　まず，階段ですが，煙感知器は**15 m**につき1個なので，1Fが3mより，5Fまでに1個設置し，頂部の階段室との2箇所に設置すればよいことになります。

　今回は，「感知器は均等に設置する」という原則から，4Fと階段室の頂部に設置することにしました。

　また，パイプシャフトについては，開口部が0.8 m² と1 m² 未満ですが，パイプシャフトの断面積が1 m² 以上なので，やはり，最頂部に設置する必要があります。

図ウ

　巻末資料3（P.234）より，事務室には**差動式スポット型感知器（2種）**，廊下には**煙感知器（2種）**を設置します。

　まず，事務室の差動式スポット型感知器（2種）の感知面積は次の通りです。

（4 m 未満）	4 m	（4 m 以上）
①　耐火：70 m² 　　その他：40 m²		②　耐火：35 m² 　　その他：25 m²

- **事務室A**…天井高は3.5 m なので，感知面積は**70 m²**となります。
　よって，床面積は198 m² なので，**3個**設置します。
- **事務室B**…天井高は4.5 m なので，感知面積は**35 m²**となります。床面積は72 m² なので，72÷35＝2.057・・・・より，繰り上げて**3個**設置します。
- **廊下**…まず，「廊下・通路から階段までの歩行距離が10 m 以下」あるいは，「10 m 以下の廊下，通路」の場合，煙感知器の設置を省略することができます。
　　よって，事務室Bの廊下の方は省略し，事務室A部分の廊下には「歩行距離30 m につき1個設置」より，1個を設置します。

ボーナス問題

　完璧を期す人のために追加致しました。時間に余裕のある方は，チャレンジして下さい。

問題1 【難問】

　次の図1−1は，地下1階，地上10階建て事務所ビルの地下1階部分である。この建物に自動火災報知設備を設置する場合，次の条件に基づき，凡例記号を用いて設備図を完成させなさい。　　　（解答⇒P. 188，解答例は P. 192）

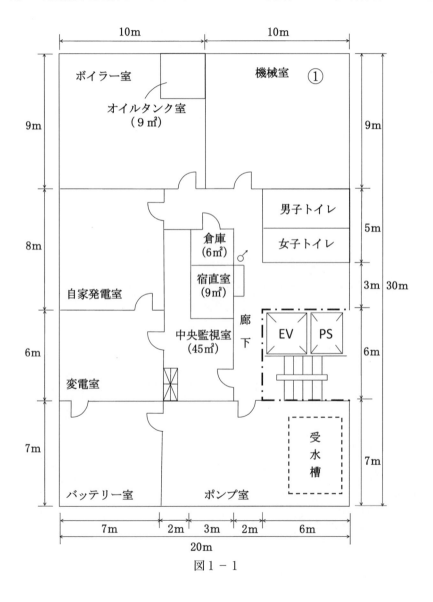

図1−1

＜条件＞

1. 主要構造部は耐火構造であり，無窓階には該当しない。
2. 受信機はP型1級受信機を使用し，別の階に設置してあるものとする。
3. 階段室には煙感知器を設けること。
4. 煙感知器及び炎感知器は，これを設けなければならない場所以外は設置しないものとする。
5. ポンプ室には結露が発生するものとする。
6. 各室の天井高は3.5mとする。
7. 発信機等の必要機器及び終端抵抗は，機器収容箱内に設置するものとする。
8. 受信機と機器収容箱間の配線は省略するものとする。
9. 感知器の配線は全て4本とする。
10. 感知器の設置は，法令基準に基づいて，必要最少個数を設置すること。
11. 押入れ部分の天井と側壁は木製のものとする。

＜凡例＞

記号	名　称	備　考
◯	差動式スポット型感知器	2種
◯	定温式スポット型感知器	1種
◯₀	定温式スポット型感知器	特種
◯	定温式スポット型感知器	1種防水型
◯EX	定温式スポット型感知器	1種防爆型
S	煙感知器	光電式2種
P	P型発信機	1級
◖	表示灯	AC 24 V
B	地区音響装置	150φ DC 24 V
▢	機器収容箱	
Ω	終端抵抗	
—//—	配　線	2本
—///—	配　線	3本
—////—	配　線	4本
♂	配線立上り	
——－－－	警戒区域境界線	
(No)	警戒区域番号	

問1の解答・解説

<製図の解答の手順>
（1）警戒区域を設定する。
（2）機器収容箱の位置を決める。
（3）感知器を設置しなくてもよい場所を確認する。
（4）各室に設ける感知器の種別，および個数の割り出しをする。
（5）回路の末端の位置を決めて配線ルートを決め，配線をする。

（1）　警戒区域の設定

$20 \times 30 = 600 \, \text{m}^2$ より，１警戒区域になります。

（2）　省略

（3）　感知器を設置しなくてもよい場所を確認する

　男子トイレ，女子トイレが該当し，また，エレベーター昇降路(EV)，パイプスペース（PS）は最上部に設置するので，この階では省略します。

（4）　各室に設ける感知器の種別，および個数の割り出し

　①　感知器の種別

　　地階なので，基本的には煙感知器（２種）を設置しますが，ボイラー室には定温式スポット型感知器(１種)（注：蒸気が発生するなどの条件がないので，防水型は用いない），オイルタンク室には可燃性ガスや可燃性蒸気が滞留するおそれがあるため，定温式スポット型感知器(１種防爆型)，バッテリー室には定温式スポット型感知器（１種耐酸型），ポンプ室＊には「結露が発生する」という条件があるため，定温式スポット型感知器（１種防水型）を設置します。なお，自家発電室ですが，P.235の⑥より，排気ガスが多量に滞留する場所になるので，煙感知器は設置できず，表より，差動式スポット型感知器（２種）を設置することにします。

　　（＊消火ポンプ室として出題される場合がありますが，同じです。）

　②　感知器の個数

　<熱感知器の場合>

　差動式スポット型感知器（２種）

　　差動式スポット型感知器（２種）の感知面積は次のようになります。

（4 m 未満）　　4 m　　（4 m 以上）
———————— | ————————

耐火：70 m²　　　　　**耐火：35 m²**
その他：40 m²　　　　　その他：25 m²

条件の 6 より，天井高は 3.5 m なので，感知面積は 70 m² になります。

（感知面積は 70 m²）
・自家発電室：床面積は，7×8＝56 m² なので，1 個を設置します。

定温式スポット型感知器（1 種）

定温式スポット型感知器（1 種）の感知面積は次のようになります。

（取り付け面の高さ）

（4 m 未満）　　4 m　　（4 m 以上）
———————— | ————————

①　**耐火：60 m²**　　　②　耐火：30 m²
その他：30 m²　　　　　その他：15 m²

天井高は 3.5 m なので，感知面積は 60 m² になります。

（感知面積は 60 m²）

・ボイラー室

床面積が，(10×9)－9＝81 m² なので，81÷60＝1.35 より，2 個を設置します。

・オイルタンク室

床面積が 9 m² なので，1 個を設置します。

・バッテリー室

床面積が，7×7＝49 m² なので，1 個を設置します。

・ポンプ室

床面積が，13×7＝91 m² なので，91÷60＝1.51…… より，繰り上げて 2 個を設置します。

＜煙感知器（２種）の場合＞

　煙感知器（２種）の感知面積は次のようになります。

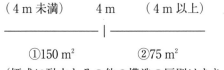

　（煙式に耐火とその他の構造の区別はありません）

　煙感知器の場合，耐火とその他の構造によって感知面積が変わることはないので，あとは**天井高**で判断します。

　条件の６より，天井高は 3.5 m なので，感知面積は 150 ㎡ となります。
（感知面積は 150 ㎡）

- **機械室**

　床面積が，10×9＝90 ㎡ なので，**１個**を設置しておきます。

- **中央監視室**

　床面積が 45 ㎡ なので，**１個**を設置しておきます。

- **変電室**

　床面積が，7×6＝42 ㎡ なので，**１個**を設置しておきます。

- **廊下**

　解答例のような位置に**１個**設置しておけば，廊下の端から歩行距離が 15 m 以下という基準を満たすので，この位置に設置しておきます。

　なお，条件の３より，階段室にも煙感知器を設けておきます。

（５）　回路の末端の位置を決めて配線ルートを決め，配線をする。

　条件の７より，終端抵抗が機器収容箱内に設けてあるので，末端はこの終端抵抗器となります。また，条件の９より，配線はすべて４本線とする必要があるので，機器収容箱から出発した配線は，機械室〜ボイラー室〜バッテリー室〜ポンプ室〜倉庫と配線して再び機器収容箱に戻るという往復配線となります。

　それと，条件の 3 より，階段室に煙感知器を設置することにも注意して配線し，
そして，最後に 4 本の斜線を感知器間などに記し，機器収容箱付近に終端抵抗のマ
ーク（Ω）を表示して終了です。

　なお，同じく条件の 7 より，「発信機等の必要機器及び終端抵抗は，機器収容箱内
に設置するものとする。」とあるので，図のように発信機，表示灯，地区音響装置の
記号を機器収容箱内に忘れずに記入しておきます。

●|問題１の解答例|●

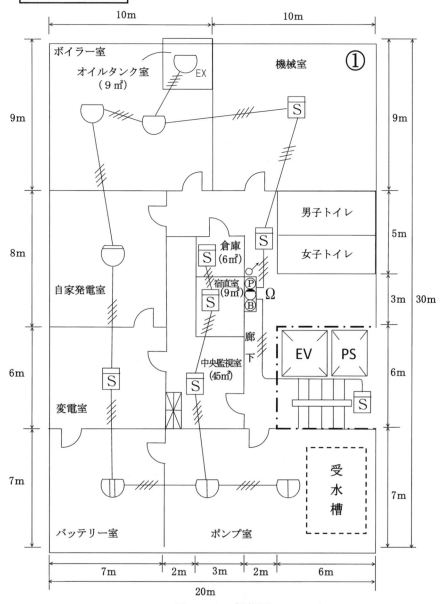

図１－２　解答例

問題 2

図2-1の耐火構造の電気室に感知器を必要最少個数設置しなさい（配線は不要）。なお，天井の高さは，4.2mであり，電気室は，高圧線により容易に点検できない場所である。

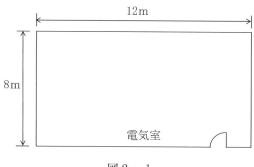

図2-1

問2の解答・解説

まず，天井高が4.2mなので，差動式スポット型（2種）の感知面積は **35 ㎡** になります（P.236参照）。

従って，床面積は96㎡なので，96÷35＝2.74

……となり，繰り上げて**3個**設置します。

また，高圧線により容易に点検できない場所なので，差動スポット試験器を入口付近に設けますが，今回は3個必要になるので，図のように空気管を3本布設し，その本数を図のように記入しておきます。

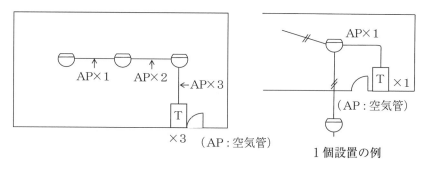

図2-2　解答例

問題3

　図3-1は，令別表第1（14）項に該当する平家建ての倉庫である。この倉庫に光電式分離型感知器を設置する場合，下記の条件に基づき，示された凡例記号のみを用いて，次の各設問に答えなさい。なお，倉庫部分は主要な出入り口から内部を見通すことができないものとする。

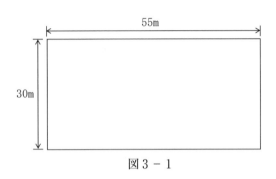

図3-1

設問1　次の文の（　）内に適切な数値を入れなさい。

　「倉庫の天井高が15m以上となる場合は，感知器の感度種別は（　）種としなければならない。　　　　　　　　　　　　　　　　　　　（解答⇒P.195）

解答欄

種

設問2　光電式分離型感知器の公称監視距離を5m以上60m以下とした場合の感知器設計図を完成させなさい。　　　　　　　　　　　（解答⇒P.197）

設問3　光電式分離型感知器の公称監視距離を5m以上35m以下とした場合の感知器設計図を完成させなさい。　　　　　　　　　　　（解答⇒P.199）

<条件>

1. この建物は，耐火構造で，無窓階ではない。
2. 設問2，設問3における天井の高さは，13mとする。
3. 設置する感知器は，法令基準により必要最少個数とすること。
4. 警戒区域境界線，警戒区域番号を図中に記入すること。
5. 配線および結線については省略するものとする。
6. 感知器相互間，および感知器と建物の壁面との距離については光軸を用い
   て記入すること。

<凡例>

記号	名　　称	備　　考
S→	光電式分離型感知器送光部	送光部2種
→S	光電式分離型感知器受光部	受光部2種
----------	光軸	
━ – –	警戒区域境界線	
(No)	警戒区域番号	

問3の解答・解説

●|問題3　設問1，設問2，設問3の解答|●

設問1

解答

1	種

解説

　設問1　巻末資料6（P.237）より，天井高が15m以上の煙感知器は1種のみが
適応します。

　設問2
　まず，警戒区域ですが，問題文より，主要な出入り口から内部を見通すことがで

きないので，1警戒区域は600 m² 以下となり，

　計算すると，床面積が，55×30＝1650 m² なので，

3警戒区域となります。

　なお，1辺が50 m を超えていますが，光電式分離型感知器の場合，**100 m 以下**まで可能なので，問題ありません。

　次に，光電式分離型感知器の送光部及び受光部は，警戒区域ごとに1組以上設ける必要がありますが，送光部と受光部を結ぶ光軸等の設置基準は，次のようになっています。

① 　光軸が並行する壁から光軸までの距離は**0.6以上7.0 m 以下**

② 　光軸間の距離は**14 m 以下**

③ 　送光部（または受光部）とその背部の壁の距離は**1.0 m 以下**

　これと，この光電式分離型感知器の (※) 公称監視距離が5 m 以上60 m 以下という条件も併せて，どのように設ければ基準を満たすかを考えます。

（※）　公称監視距離

　光電式分離型と炎感知器での火災を監視できる距離のことを言い，光電式分離型では5 m 以上100 m 以下（5 m 刻み）となっています。

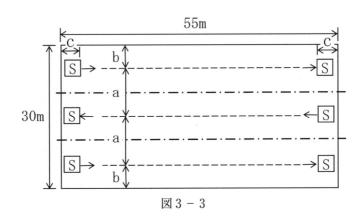

図3－3

　まず，各警戒区域に1組ずつの送光部と受光部を設置するものと仮定します。

壁から光軸までの距離をa，光軸間の距離をbとすると，

$2a + 2b = 30$，

約分して，a＋b＝15となりますが，

aは14m以下，bは0.6m以上7.0m以下

の値しか取れないので，

今回は，aを10mとし，bを5mとすれば既定の範囲内となるので，この値を採用して，1警戒区域に1組とします（下図参照）。

なお，c＝1.0mとした場合，送光部，受光部間の距離は，

55－2＝53mとなり，感知器の公称監視距離（5〜60m）内であることを確認しておきます。

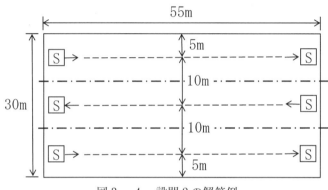

図3－4　　設問2の解答例

設問3　公称監視距離を**5m以上35m以下**とした場合ですが，

横方向に設置した場合，送光部や受光部から壁の距離を最大値の1.0mとしても送光部と受光部間は53mとなり，公称監視距離の35mをオーバーするので，縦方向に設置することにします。

次に，送光部と受光部を縦方向に何個ずつ設置するかですが，

1個ずつだと，端の壁から光軸までを最大の7mとすると，両端で14mとなり，55－14＝41m。

光軸間は，41÷2＝20.5mとなり，図3－5のように，光軸間は明らかに冒頭の基準②の14mをオーバーします。

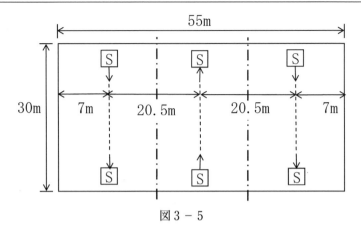

図 3 - 5

次に，下図のように，4組を設置すると，端の壁から光軸までを最大の7mとした場合，

41÷3＝13.66……となり，

何とか14m以内に収まるので，今回は次頁の解答例のように14mとし，端の壁から光軸までを6.5mとします。

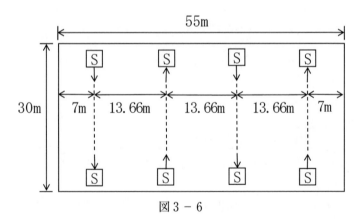

図 3 - 6

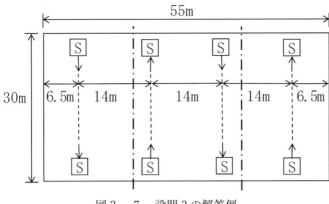

図 3 - 7 設問 3 の解答例

問題4

図4－1は，自動火災報知設備の設置を必要とするホールである。次の各設問に答えなさい。

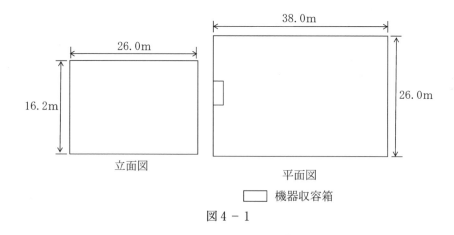

26.0m

16.2m

立面図

38.0m

26.0m

平面図

☐ 機器収容箱

図4－1

設問1 この部分に設置することのできる感知器を次の語群から選び，記号で答えなさい（複数解答可）　　　　　　　　　　　　　　　　（解答⇒P.203）

＜語群＞

ア．定温式スポット型1種　　　　　オ．光電式分離型1種
イ．イオン化式スポット型感知器（2種）　カ．定温式スポット型特種
ウ．差動式分布型感知器　　　　　　キ．補償式スポット型1種
エ．炎感知器　　　　　　　　　　　ク．差動式スポット型感知器（2種）

解答欄

┌─────────┐
│　　　　　　　　　│
│　　　　　　　　　│
└─────────┘

設問2 この部分の天井面に，炎感知器を図4－2のように設置（真下向きに設置）する場合，監視空間の中で，感知器1個により有効に監視できる範囲を斜線で示しなさい。　　　　　　　　　　　　　　（解答⇒P.203）

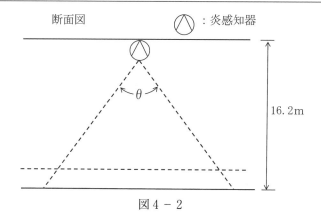

断面図　　　　　　　△：炎感知器

θ

16.2m

図 4 - 2

設問3　この部分の天井面に次の条件に基づき炎感知器を設置(真下向きに設置)
する場合，以下の（1）・（2）の順に従って計算し，（3）に感知器の必要個数
を記入しなさい。また（4）については，指示された通り作図をしなさい。

＜条件＞

1．主要構造部は耐火構造であり，天井にはり等の突出はない。
2．主要な出入り口からその内部を見通すことができ，障害物等はない。
3．設置する炎感知器は，視野角100°のとき監視距離30mのものとし，その
　感知器の厚さは考慮しない。
4．感知器の設置個数は法令基準に定める最少個数とする。
5．解答は（1）から（3）の解答欄に記入する。
6．計算に必要となる三角関数等は下表に示した数値を用いること。

θ	$\sin\theta$	$\cos\theta$	$\tan\theta$
25°	0.42	0.91	0.47
30°	0.50	0.87	0.58
45°	0.71	0.71	1.00
50°	0.77	0.64	1.19
60°	0.87	0.50	1.73

$\sqrt{2}=1.41$, $\sqrt{3}=1.73$ とする。

（1）　感知器1個の有効に監視できる監視空間の範囲を水平投影した円の直径を求める計算式及び結果を示しなさい。（計算結果は四捨五入し，小数点第1位まで求め解答する）

　　　　ただし，半径を R，直径を D とする。　　　　　　　　　　（解答⇒P.205）

解答欄

計算式		結果	

（2）　前（1）で求めた円に内接する正方形の一辺の長さ（ℓ とする）を求める計算式及び結果を示しなさい。（計算結果は四捨五入し，小数点第1位まで求め解答する）　　　　　　　　　　　　　　　　　　　（解答⇒P.205）

解答欄

計算式		結果	

（3）　前（2）の結果から，感知器の必要個数を求めなさい。　　（解答⇒P.206）

解答欄

必要最少個数	［個］

（4）　平面図に炎感知器を設置しなさい。なお，終端抵抗は感知器に設置するものとし，また，発信機や地区表示灯，地区音響装置などの機器の設置および警戒区域番号の表示等については，考慮しないものとする。（解答⇒P.206）

問4の解答・解説

問題4　設問1，設問2，設問3の解説と解答

設問1　巻末資料6（P.237）より，天井高が16.2mなので，④か⑤のグループ
に属する感知器以上でないと設置できないことになります。
　　　よって，煙感知器（1種）に該当する**オ**と炎感知器の**エ**の2つになります。

解答

> エ，オ

設問2　炎感知器の監視空間とは，床面から**1.2m**の高さまでの空間のことで，
そのうち感知器1個で有効に監視できる範囲は，炎感知器の視野角の範囲内と
いうことになります。

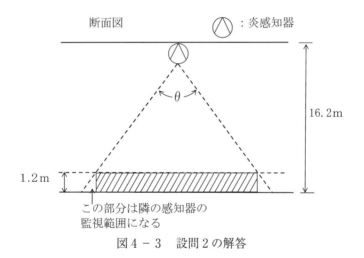

図4-3　設問2の解答

設問3

（1）「感知器1個の有効に監視できる監視空間の範囲を水平投影した円」という
のは，
　　　次の図の下にある円のことで，その半径は，図の床面から1.2mの高さに
ある R のことになり，直径はその倍の $2R$ になります。

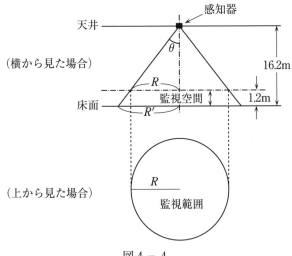

図 4 - 4

下図からわかるように，

三角関数の tan で計算すると（条件 3 より，視野角 100° より，$\theta = 50°$），

$\tan 50° = \dfrac{R}{15}$ となり，

提示された表より $\tan 50°$ の値を求めると，

1.19 なので，$1.19 = \dfrac{R}{15}$ となります。

よって，$R = 1.19 \times 15 = 17.85$ となり，

その直径は，$2 \times 17.85 = \mathbf{35.7}$ となります。

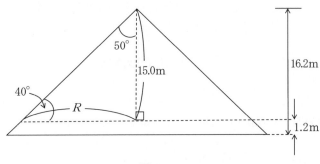

図 4 - 5

（1）の解答

計算式	$\tan 50° = \dfrac{R}{15}$ $1.19 = \dfrac{R}{15}$ $R = 1.19 \times 15$ 　$= 17.85$ 　$D = 2 \times 17.85$	結果	35.7 m

（2）　（1）で求めた円に内接する正方形を描き入れると，下図のようになります。

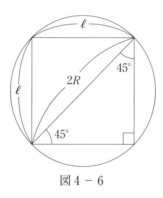

図 4 － 6

　　図より，正方形の一辺の長さを ℓ とすると，

$$\ell = 2R\sin 45°（または 2R\cos 45°）$$
$$= 2 \times 17.85 \times 0.71$$
$$= 25.347（小数点第 1 位までという条件より）$$
$$≒ 25.3 \, \text{m} となります。$$

（2）の解答

計算式	$\ell = 2R\sin 45°（または 2R\cos 45°）$ 　$= 2 \times 17.85 \times 0.71$	結果	25.3 m

（3）　感知器の必要個数は，平面図の縦と横の寸法を<u>円に内接する正方形の一辺の長さ ℓ</u>（＝25.3）で割れば求められるので，

・縦⇒　$26 \div 25.3 = 1.027$

　　　……より，繰り上げて **2個** となります。

・横⇒　$38 \div 25.3 = 1.501$

　　　……繰り上げて **2個** となります。

従って，全体で，$2 \times 2 = $ **4個** の設置となります。

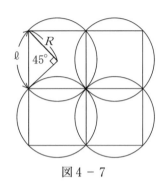

図4－7

（3）の解答

必要最少個数	4 ［個］

（4）　まず，条件の2に，主要な出入り口からその内部を見通すことができると
　　あるので，1警戒区域は $1000 \, \text{m}^2$ まで可能になります。

　　　床面積を計算すると，$38 \times 26 = 988 \, \text{m}^2$ となるので，1警戒区域になります。

　　　そこで，（3）で求めた縦方向2個，横方向2個の感知器を解答例のように，
　　均等に設置します。

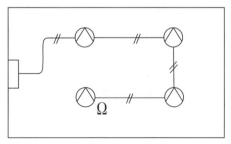

図4－8　（4）の解答例

問題5

　図5−1は,令別表第1第16項イの防火対象物の地階部分を示した平面図である。次の各設問に答えなさい。なお,機器収容箱は各警戒区域ごとに設置するものとする。

設問1　警戒区域①について,次頁の条件に基づき,示された凡例記号を用いて自動火災報知設備の設備図を完成させなさい。なお,配線立上げ引き下げの表示は省略するものとする。　　　　　　　　　　　　　　　　　　（解答⇒P.209）

設問2　警戒区域②について,次頁の条件に基づき,示された凡例記号を用いて自動火災報知設備の設備図を完成させなさい。　　　　　　　　　　（解答⇒P.209）

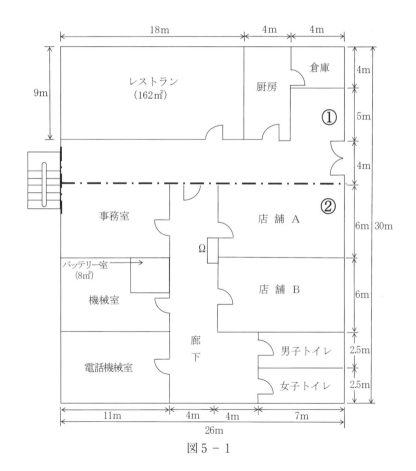

図5−1

<条件>

1．主要構造部は耐火構造である。
2．天井面の高さは3.2mで，はり等はない。
3．機器収容箱は各廊下に設置すること。
4．立上がりの配線本数等の記入は，省略してもよい。
5．階段室は，別の階で警戒しているものとする。
6．受信機は別の階に設置されているものとし，受信機から機器収容箱までの配線は省略するものとする。
7．発信機等の必要機器及び終端抵抗は，機器収容箱内に設置するものとする。
8．廊下には煙感知器を設置すること。
9．感知器の設置は，法令基準に基づいて，必要最少個数を設置すること。

<凡例>

記号	名　　称	備　　考
▷◁	受信機	P型1級受信機
▢	機器収容箱	Ⓟ◖Ⓑ及び終端抵抗を収容
Ω	終端抵抗	
⌒	差動式スポット型感知器	2種
◯	定温式スポット型感知器	1種
⦷	定温式スポット型感知器	1種防水型
⦶	定温式スポット型感知器	1種耐酸型
⟦S⟧	煙感知器	光電式2種
Ⓟ	P型発信機	1級
◖	表示灯	AC 24 V
Ⓑ	地区音響装置	150φ DC 24 V
—⫽—	配　線	2本
—⫼—	配　線	4本
— ― ―	警戒区域境界線	
Ⓝₒ	警戒区域番号	

問5の解答・解説

●問題5 設問1，設問2の解答●

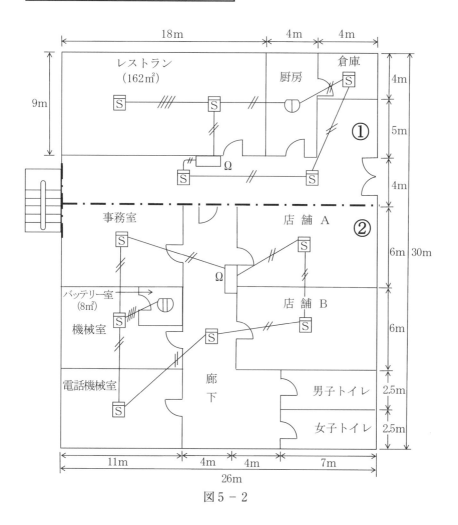

図5-2

問題5 設問1の解説

> **＜製図の解答の手順＞**
> （1）警戒区域を設定する。
> （2）機器収容箱の位置を決める。
> （3）感知器を設置しなくてもよい場所を確認する。
> （4）各室に設ける感知器の種別，および個数の割り出しをする。
> （5）回路の末端の位置を決めて配線ルートを決め，配線をする。

では，この手順で順次解答していきたいと思います。

（1）　警戒区域の設定

既に設定されているので，省略

（2）　機器収容箱の位置を決める

解答例のような位置に設置すれば，地区音響装置の基準（各階ごとに，その階の各部分から1の地区音響装置までの**水平距離が25m以下**となるように設ける）をクリアするので，今回はこのような位置に設置しました（上記基準をクリアすれば，他の位置でもかまわない）。

（3）　感知器を設置しなくてもよい場所を確認する

この警戒区域①には該当する部屋はありません。

（4）　各室に設ける<u>感知器の種別</u>，および<u>個数の割り出し</u>

①　感知器の種別

まず，巻末資料3（P.234）より，地階は原則として**煙感知器**になりますが，厨房には**定温式スポット型感知器（1種防水型）**を設置します。

②　感知器の個数

＜煙感知器（2種）の場合＞

煙感知器（2種）の感知面積は次のようになります。

```
（4m未満）      4m      （4m以上）
─────────────|─────────────
   ①  150㎡      ②  75㎡
```

（煙式に耐火とその他の構造の区別はありません）

煙感知器の場合，耐火とその他の構造によって感知面積が変わることはないので，あとは天井高で判断します。

条件の2より，天井高は **3.2 m** なので，感知面積は **150 m²** となります。

・レストラン：床面積は，$18 \times 9 = 162\ \mathrm{m^2}$ なので，$162 \div 150 = 1.08$ より，繰り上げて **2個**設置します。

（感知面積は **150 m²**）

・倉庫：床面積は，$4 \times 4 = 16\ \mathrm{m^2}$ となるので，**1個**を設置します。

・廊下：歩行距離が，$24 + 2 + 5 = 31\ \mathrm{m}$ となるので，解答例のような位置に **2個**設置しておきます。　　└廊下半分の距離

（注：廊下の場合，感知面積は関係なく，歩行距離で計算する）

2．熱感知器の場合

定温式スポット型（1種）の感知面積は，巻末資料5（P.236）より，耐火で 4 m 未満の場合，**60 m²** になります。

・厨房：床面積は $4 \times 9 = 36\ \mathrm{m^2}$ となるので **1個**を設置します。

（5）回路の末端の位置を決めて配線ルートを決め，配線をする

条件の7より，終端抵抗は，機器収容箱内に設置するので，今回は，機器収容箱から出発して，レストラン～倉庫～廊下の煙検知器というルートを取り，機器収容箱内の発信機を経てこの終端抵抗で終了するルートを取りました（法令基準に適合していれば別のルートでもよい）。

（レストランの往復4本線に注意してください）。

問題5　設問2の解説

設問1と同様に解説していきます。

＜製図の解答の手順＞

（1）警戒区域を設定する。

（2）機器収容箱の位置を決める。

（3）感知器を設置しなくてもよい室を確認する。

（4）各室に設ける感知器の種別，および個数の割り出しをする。

（5）回路の末端の位置を決めて配線ルートを決め，配線をする。

では，この手順で順次解答していきたいと思います

（1）　既に設定されているので，省略

（2）　機器収容箱の位置を決める

設問1の解説と同じく，解答例のような位置に設置すれば，地区音響装置の基準

をクリアするので，今回はこのような位置に設置しました（上記基準をクリアすれば，他の位置でもかまわない）。

（3）　感知器を設置しなくてもよい室を確認する

巻末資料3（P. 234）より，トイレのみが該当します。

（4）　各室に設ける感知器の種別，および個数の割り出し

①　感知器の種別

設問1同様，原則として煙感知器になりますが，バッテリー室には定温式スポット型感知器（1種耐酸型）を設置します。

②　感知器の個数

1．煙感知器（2種）の場合

設問1と同じ条件なので，感知面積は 150 ㎡ となります。

（感知面積は 150 ㎡）

・事務室：床面積は，$11 \times 6 = 66$ ㎡ なので，**1個**を設置します。

・機械室：床面積は，$66 - 8 = 58$ ㎡ となるので，**1個**を設置します。

・電話機械室：床面積は，$11 \times 5 = 55$ ㎡ となるので，**1個**を設置します。

・店舗A，店舗B：床面積は，$11 \times 6 = 66$ ㎡ なので，各**1個**を設置します。

・廊下：歩行距離が，$6 + 6 + 2.5 + 2 + 4 = 20.5$ m となるので，解答例のような位置に**1個**設置しておきます。　└廊下半分の距離

2．熱感知器の場合

バッテリー室に設置する定温式スポット型感知器（1種耐酸型）のみなので，巻末資料5（P. 236）より，耐火で4m未満の場合，感知面積は 60 ㎡ になり，よって，**1個**を設置します。

（5）　回路の末端の位置を決めて配線ルートを決め，配線をする

条件の7より，終端抵抗は，設問1同様，機器収容箱内に設置するので，今回は，機器収容箱から出発して図のようなルートを取り，機器収容箱内の発信機を経てこの終端抵抗で終了するルートを取りました（法令基準に適合していれば別のルートでもよい）。

最近，カラオケボックスの個室が出題されているようですが，平成21年省令改正により，**煙感知器**の設置義務が課されたので，カラオケボックスの個室が出題されれば，**煙感知器**を設置してください（P. 234，資料3参照）。

問題6

図は，令別表第1第12項イの防火対象物の地階部分を示した平面図である。

下記の条件に基づき，示された凡例記号を用いて自動火災報知設備の設備図を完成させなさい。

(解答例⇒P.217)

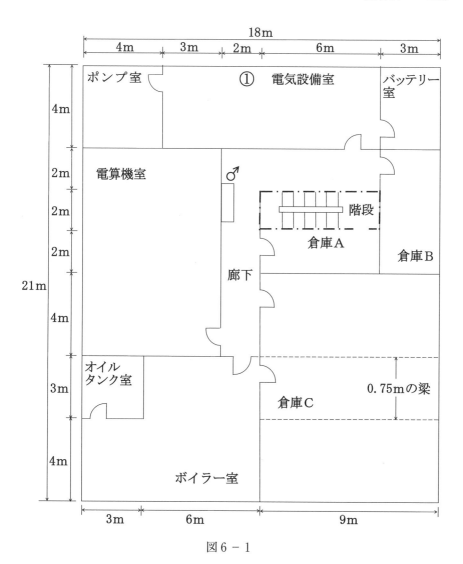

図6－1

＜条件＞

1．主要構造部は耐火構造である。

2．天井面の高さは4.2mで，倉庫Cには0.75mの梁が2つある。

3．階段室は，別の階で警戒しているものとする。

4．受信機は別の階に設置されているものとし，受信機から機器収容箱までの配線は省略するものとする。

5．発信機等の必要機器及び終端抵抗は，機器収容箱内に設置するものとする。

6．感知器の設置は，法令基準に基づいて，必要最少個数を設置すること。

7．煙感知器は，法令上必要とされる場所以外には設置しないこと。

＜凡例＞

記号	名　称	備　考
▭	機器収容箱	Ⓟ◯Ⓑ及び終端抵抗を収容
◯	定温式スポット型感知器	1種
Ⓘ	定温式スポット型感知器	1種防水型
Ⓘ	定温式スポット型感知器	1種耐酸型
Ⓢ	煙感知器	光電式2種
Ⓟ	P型発信機	1級
◯	表示灯	AC 24 V
Ⓑ	地区音響装置	150φ DC 24 V
—／／—	配　線	2本
—／／／／—	配　線	4本
♂	同上立上り	
Ω	終端抵抗	
━ ━ ━	警戒区域境界線	
(No)	警戒区域番号	

問題6の解説・解答

<製図の手順>
（1）警戒区域を設定する。
（2）機器収容箱の位置を決める。
（3）感知器を設置しなくてもよい場所を確認する。
（4）各室に設ける感知器の種別，および個数の割り出し
（5）回路の末端の位置を決めて配線ルートを決め，配線をする。

（1）　警戒区域の設定

面積が，$18 \times 21 = 378\,m^2$なので，1警戒区域になります。

（2）　既に設定されているので，省略

（3）　感知器を設置しなくてもよい場所を確認する。

この警戒区域には該当する場所はありません。

（4）　各室に設ける<u>感知器の種別</u>，および<u>個数の割り出し</u>

①　感知器の種別

巻末資料3（P.234）より，地階は原則として煙感知器になりますが，ポンプ室には定温式スポット型感知器（1種防水型），バッテリー室には定温式スポット型感知器（1種耐酸型），ボイラー室には定温式スポット型感知器（1種），オイルタンク室には定温式スポット型感知器（1種防爆型）を設置します。

②　感知器の個数

<煙感知器（2種）の場合>

煙感知器（2種）の感知面積は次のようになります。

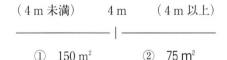

（4m未満）　　　4m　　（4m以上）
①　$150\,m^2$　　　②　$75\,m^2$

（煙式に耐火とその他の構造の区別はありません）

煙感知器の場合，耐火とその他の構造によって感知面積が変わることはないので，あとは<u>天井高</u>で判断します。

条件の2より，天井高は4.2mなので，感知面積は$75\,m^2$となります。
（感知面積は$75\,m^2$）

・**電気設備室**

　　床面積は，$11 \times 4 = 44\,m^2$ となるので，１個を設置します。

・**倉庫 A**

　　床面積は，$6 \times 2 = 12\,m^2$ となるので，１個を設置します。

・**倉庫 B**

　　床面積は，$3 \times 6 = 18\,m^2$ となるので，１個を設置します。

・**倉庫 C**

　　煙感知器(差動式分布型感知器も同じ)の場合，$0.6\,m$ 以上の梁で感知区域が区分されるので，$0.75\,m$ の梁で倉庫 C は３つの感知区域に区分されます。

　　従って，倉庫 C を上から仮に①，②，③として面積を求めていきます。

①　床面積は，$9 \times 4 = 36\,m^2$ となるので，１個を設置します。

②　床面積は，$9 \times 3 = 27\,m^2$ となるので，１個を設置します。

③　①と同じ寸法なので，床面積は $36\,m^2$ となり，１個を設置します。

・**電算機室**

　　床面積は，$7 \times 10 = 70\,m^2$ となるので，１個を設置します。

・**廊下**

　　巻末資料２(P.233)より，工場の廊下には煙感知器の設置義務がありますが，この廊下は，「階段までの歩行距離が $10\,m$ 以下」の廊下に該当するので，煙感知器の設置は省略します。

＜熱感知器の場合＞

定温式スポット型感知器（１種）

　　感知面積は次のようになります。

（取り付け面の高さ）

（4 m 未満）　　　4 m　　　（4 m 以上）

───────────｜───────────

①　耐火：$60\,m^2$　　　②　**耐火：$30\,m^2$**

　　その他：$30\,m^2$　　　　その他：$15\,m^2$

　　感知面積は耐火で 4 m 以上なので，$30\,m^2$ となります。

（感知面積は $30\,m^2$）

・**ポンプ室**

　　床面積は，$4 \times 4 = 16\,m^2$ となるので，１個を設置します。

・**バッテリー室**

　　床面積は，$3 \times 4 = 12\,m^2$ となるので，１個を設置します。

・オイルタンク室

　　床面積は，3×3＝9 m² となるので，1個を設置します。

・ボイラー室

　　床面積は，(9×7)−9＝54 m² となるので，2個を設置します。

（5）　回路の末端の位置を決めて配線ルートを決め，配線をする。

　条件の5より，終端抵抗は機器収容箱内に設置するので，今回は，機器収容箱から出発して，電算機室の往復4本配線としました（法令基準に適合していれば別のルートでもよい）。

●|問題6　　解答例|●

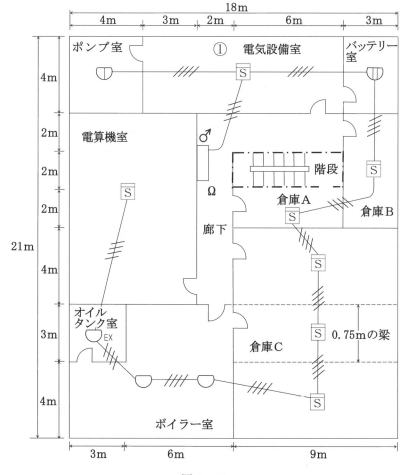

図 6 − 2

問題 7

　次頁の図は, 地上 5 階, 地下 1 階の令別表第 1 第 15 項の防火対象物の平面図である。次の各設問に答えなさい。

設問 1　防火対象物が地階部分にあるとした場合, 下記の条件に基づき, 示された凡例記号を用いて自動火災報知設備の設備図を完成させなさい。

（解答例⇒P. 225）

設問 2　防火対象物が 1 階部分にあるとした場合, 下記の条件に基づき, 示された凡例記号を用いて自動火災報知設備の設備図を完成させなさい。なお, 変電室は高圧により, 容易に点検できない場所とする。　　　（解答例⇒P. 226）

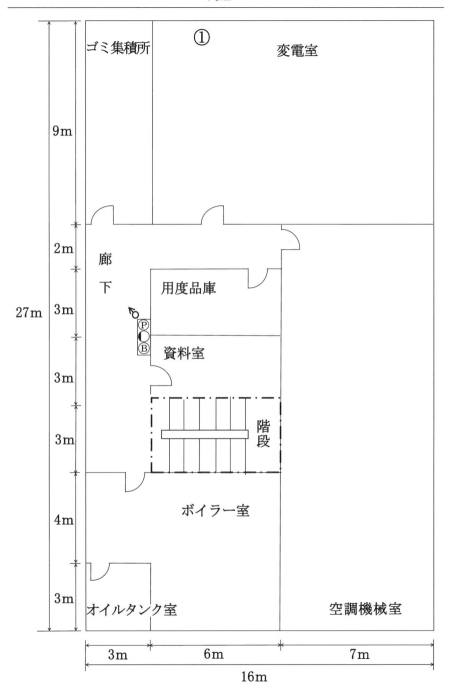

図 7 - 1

<条件>

1．主要構造部は耐火構造である。
2．天井面の高さは4.1mである。
3．階段室は，別の階で警戒しているものとする。
4．受信機は別の階に設置されているものとし，受信機から機器収容箱までの配線は省略するものとする。
5．発信機等の必要機器及び終端抵抗は，機器収容箱内に設置するものとする。
6．感知器の設置は，法令基準に基づいて，必要最少個数を設置すること。
7．煙感知器は，法令上必要とされる場所以外には設置しない。

<凡例>

記号	名　　称	備　　考
▭	機器収容箱	
◯	定温式スポット型感知器	1種
◯₀	定温式スポット型感知器	特種
⊕	定温式スポット型感知器	1種防水型
⊞	定温式スポット型感知器	1種耐酸型
Ⓢ	煙感知器	光電式2種
Ⓟ	P型発信機	1級
◖	表示灯	AC 24 V
Ⓑ	地区音響装置	150φ DC 24 V
——//—	配　線	2本
——////—	配　線	4本
⌀	配線立上り	
Ω	終端抵抗	
—‐‐‐‐	警戒区域境界線	
Ⓝ₀	警戒区域番号	

問題 7 の解説・解答

問題 7　設問 1 の解説

＜製図の手順＞

（ 1 ）警戒区域を設定する。

（ 2 ）機器収容箱の位置を決める。

（ 3 ）感知器を設置しなくてもよい室を確認する。

（ 4 ）各室に設ける感知器の種別，および個数の割り出し。

（ 5 ）路の末端の位置を決めて配線ルートを決め，配線をする。

（ 1 ）　警戒区域の設定

面積が，$16 \times 27 = 432 \ \mathrm{m^2}$ なので，1 警戒区域になります。

（ 2 ）　既に設定されているので，省略

（ 3 ）　感知器を設置しなくてもよい場所を確認する。

この警戒区域には該当する場所はありません。

（ 4 ）　各室に設ける感知器の種別，および個数の割り出し

①　感知器の種別

巻末資料 3（P.234）より，地階は原則として煙感知器になりますが，ゴミ集積所には定温式スポット型感知器（特種），ボイラー室には定温式スポット型感知器（ 1 種），オイルタンク室には定温式スポット型感知器（ 1 種防爆型）を設置します。

②　感知器の個数

＜煙感知器（ 2 種）の場合＞

煙感知器（ 2 種）の感知面積は次のようになります。

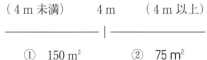

（ 4 m 未満）　　　4 m　　（ 4 m 以上）

①　150 m²　　　②　75 m²

（煙式に耐火とその他の構造の区別はありません）

煙感知器の場合，耐火とその他の構造によって感知面積が変わることはないので，あとは天井高で判断します。

条件の２より，天井高は4.1ｍなので，感知面積は75㎡となります。
（感知面積は75㎡）

・変電室

床面積は，13×9＝117㎡となるので，２個を設置します。

・空調機械室

床面積は，7×18＝126㎡となるので，２個を設置します。

・用度品庫と資料室

床面積は，6×3＝18㎡となるので，各１個を設置します。

・廊下

巻末資料２（P.233）より，15項の廊下には煙感知器の設置義務があるので，解答図の位置に１個設置すれば「廊下等の壁面から15ｍ以下」という条件を満たすことができます。

＜熱感知器の場合＞

1．定温式スポット型感知器（１種）

感知面積は次のようになります。

（取り付け面の高さ）

（４ｍ未満）　　　４ｍ　　（４ｍ以上）

───────────｜───────────

① 耐火：60㎡　　② 耐火：30㎡
　その他：30㎡　　　その他：15㎡

感知面積は耐火で４ｍ以上なので，30㎡となります。
（感知面積は30㎡）

・ボイラー室

床面積は，(9×4)＋(6×3)＝54㎡となるので，２個を設置します。

・オイルタンク室

床面積は，3×3＝9㎡となるので，１個を設置します。

2．定温式スポット型（特種）

感知面積は次のようになります。

＜定温式スポット型感知器（特種）＞

（4 m 未満）　　　4 m　　（4 m 以上）

────────|────────

　　耐火：70 m²　　　　**耐火：35 m²**
　　その他：40 m²　　　その他：25 m²

　　差動式スポット型感知器（2種）と感知面積は同じなので，35 m² となります。
・ゴミ集積所
　　床面積は，3×9＝27 m² なので，1個を設置します。

（5）　回路の末端の位置を決めて配線ルートを決め，配線をする。

　条件の5より，終端抵抗は，機器収容箱内に設置するので，今回は，機器収容箱から出発して，オイルタンク室の往復4本配線としました（法令基準に適合していれば別のルートでもよい）。

問題7　設問2の解説

┌─────────────────────────────────────┐
＜製図の解答の手順＞
（1）警戒区域を設定する。
（2）機器収容箱の位置を決める。
（3）感知器を設置しなくてもよい場所を確認する。
（4）各室に設ける感知器の種別，および個数の割り出し。
（5）回路の末端の位置を決めて配線ルートを決め，配線をする。
└─────────────────────────────────────┘

（1）～（3）　省略

（4）　各室に設ける感知器の種別，および個数の割り出し

①　感知器の種別

　今回は地上階なので，原則として差動式スポット型感知器（2種）になりますが，ゴミ集積所には定温式スポット型感知器（特種），ボイラー室には定温式スポット型感知器（1種），オイルタンク室には定温式スポット型感知器（1種防爆型）を設置するのは地階と同じです。

② 感知器の個数

＜差動式スポット型感知器（2種＞

> 差動式スポット型（2種），補償式スポット型（2種），定温式スポット型（特種）の感知面積

（4 m 未満）　　　4 m　　　（4 m 以上）

───────── | ─────────

耐火：70 m²　　　　**耐火：35 m²**
その他：40 m²　　　その他：25 m²

　条件の2より，4 m 以上なので，感知面積は 35 m² となります。
（感知面積は 35 m²）

- **変電室**

　床面積は 117 m² なので，117÷35＝3.34……より，4個設置します。

- **空調機械室**

　床面積は 126 m² なので，126÷35＝3.6……より，4個設置します。

- **用度品庫と資料室**

　床面積は 18 m² なので，各1個を設置します。

- **廊下**

　地階と同じです。

　なお，変電室は，高圧線により容易に点検できない場所なので，P. 193 の解答例より，図のように，差動スポット試験器を入口付近に設置して空気管を表す線を表記し，凡例として，（AP：空気管）と記しておきます。

（5）　回路の末端の位置を決めて配線ルートを決め，配線をする。

　条件の5より，終端抵抗は，機器収容箱内に設置するので，今回は，機器収容箱から出発して，オイルタンク室の往復4本配線としました（法令基準に適合していれば別のルートでもよい）。

●|問題7　設問1の解答例|●

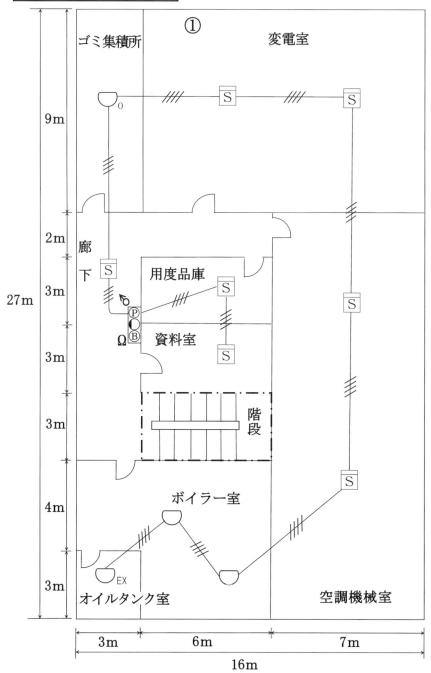

図 7 - 2

●問題7 設問2の解答例●

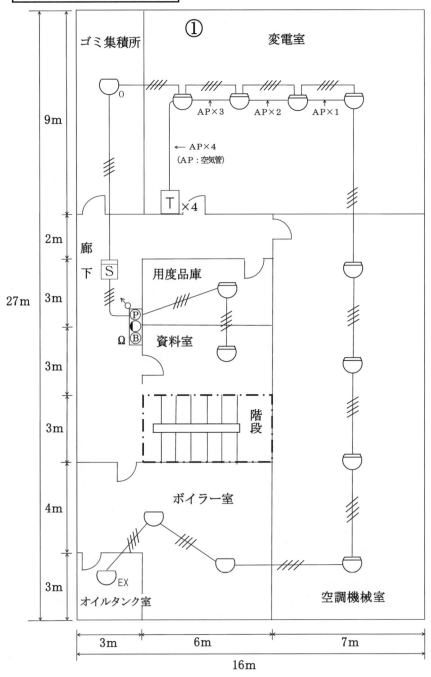

図7－3

問題8

　図は令別表第1の16項イに該当する地上5階建ての防火対象物の断面図及び2階部分の平面図を示したものである。
　次の各設問に答えなさい。

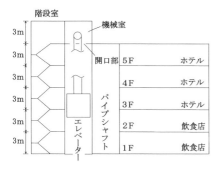

図8-1　断面図

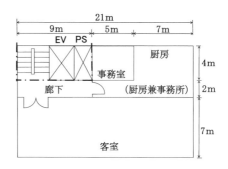

図8-2　平面図

<条件>

1. 主要構造部は耐火構造であり，無窓階には該当しない。
2. 天井面の高さは，3.6 m である。
3. 煙感知器及び炎感知器は，これを設けなければならない場所以外は設置しないものとする。
4. 電気配線等の記入は，不要とする。
5. 作図は，凡例記号の中から適切な記号を用い感知器のみ記入するものとする。
6. 断面図にあっては，縦系統の警戒区域のみ考慮するものとする。

<凡例>

記号	名　称	備　考
⊖	差動式スポット型感知器	2種
⊖₀	定温式スポット型感知器	特種
◯	定温式スポット型感知器	1種
⊖	定温式スポット型感知器	1種防水型
S	光電式スポット型感知器	2種

設問1 この建物に自動火災報知設備を設置する場合の最少警戒区域数を答えなさい。
(解答⇒P.228)

設問2 この建物に，条件に基づき断面図及び平面図に感知器を適切な位置に記入しなさい。
(解答⇒P.228)

問題8の解答・解説

●問題8　設問1，設問2の解答●

設問1

6警戒区域

設問2

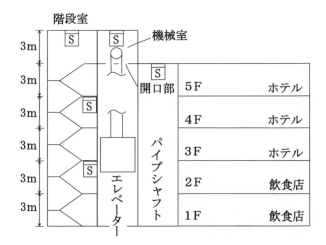

図8－3　断面図の解答図

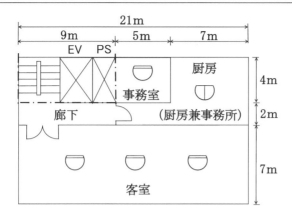

図 8 - 4　平面図の解答図

 問題 8　設問 1 の解説

　まず，2 階の平面図より，1 フロアの床面積は，$21 \times 13 = 273\,\mathrm{m^2}$ となります。

　この場合，上下の床面積の合計が $500\,\mathrm{m^2}$ 以下で，かつ，1 辺の長さが 50 m 以下なら上下の階を合わせて 1 警戒区域数とすることができます。

　しかし，本問の場合，その条件に当てはまらないので，1 階から 5 階まで，各階ごとに 1 警戒区域の計 5 警戒区域とします。

　また，平面図より，たて穴区画の階段，エレベーター昇降路，パイプシャフトは同一警戒区域なので，警戒区域⑥とします。

　従って，警戒区域数は 6 となります。

 問題 8　設問 2 の解説

（1）　断面図の場合

　まず，階段ですが，原則として，煙感知器は垂直距離 15 m につき 1 個を設置しなければならないのですが，第 13 回の問 1（P.178）の事務所ビルとは異なり，本問のビルは，「地階または 3 階以上に特定用途部分（⇒ホテル）」がある複合用途防火対象物であり，かつ，屋内階段が 1 つしかないので，特定 1 階段等防火対象物になります。

　従って，特定 1 階段等防火対象物の場合は，垂直距離 7.5 m につき 1 個を室内に面する部分または頂部などに設置しなければなりません。

　よって，今回は 2 階と 4 階の室内に面する部分と階段室の頂部に設置しました。

　また，エレベーター昇降路やパイプシャフトについては，その頂部にも設置しま

すが，機械室については，開口部があるので，機械室の方の頂部に設置します。

（2）　平面図の場合

①　感知器の種別

　巻末資料3（P.234）より，地上階なので，事務室と客室は**差動式スポット型感知器（2種）**，厨房は**定温式スポット型感知器（1種防水型）**を設置します。

②　感知器の個数

<u>差動式スポット型感知器（2種）</u>

　感知面積は次のようになります。

（取り付け面の高さ）

（4m未満）　　　4m　　（4m以上）
————————｜————————

　　耐火：70㎡　　　　　耐火：35㎡

　　その他：40㎡　　　　その他：25㎡

耐火で天井高が3.6mなので，感知面積は70㎡になります。

（感知面積は70㎡）

・事務室

　床面積は，5×4＝20㎡となるので，1個を設置します。

・客　室

　床面積は，21×7＝147㎡となるので，147÷70＝2.1となり，繰り上げて3個を設置します。

<u>定温式スポット型感知器（1種）</u>

　感知面積は次のようになります。

（取り付け面の高さ）

（4 m 未満）　　　4 m　　（4 m 以上）

──────── | ────────

① **耐火：60 m²**　　② 　耐火：30 m²

その他：30 m²　　　　その他：15 m²

感知面積は耐火で 4 m 未満なので，60 m² となります。

（感知面積は 60 m²）

・**厨　房**

　床面積は，(12×6) − (5×4) ＝52 m² となるので，1 個を設置します。

　なお，廊下については，「階段までの歩行距離が 10 m 以下」の廊下に該当するので，煙感知器の設置は省略します。

資料1　自動火災報知設備の設置義務がある防火対象物

令列表第1（ただし，※18項，19項，20項を除く）			令第21条							
※（18項：50m以上のアーケード／19項：市町村長指定の山林／20項：舟車（総務省令で定めたもの）） 種類　●のあるものは特防以外で S の廊下・通路への設置義務がある場所（P.233③）　防火対象物の区分			a 一般	b 地階または無窓階	c 地階，無窓階，3階以上の階	d 地階または2階以上	e 11階以上の階	f 通信機器室	g 道路の用に供する部分	h 指定可燃物
					床面積300㎡以上	駐車場の用に供する部分の床面積200㎡以上（但し駐車する全ての車両が同時に屋外に出ることができる構造の階を除く）	11階以上の階全部	床面積500㎡以上	床面積が屋上部分600㎡以上，それ以外の部分400㎡以上	危政令列表第4で定める数量の500倍以上を貯蔵し又は取り扱うもの
(1)	イ	劇場，映画館，演芸場，観覧場　(特)	延面積300㎡以上							
	ロ	公会堂，集会場　(特)								
(2)	イ	キャバレー，カフェ，ナイトクラブ等　(特)	300	床面積100㎡以上						
	ロ	遊技場，ダンスホール	300							
	ハ	性風俗関連特殊営業店舗等	300							
	ニ	カラオケボックス，インターネットカフェ，マンガ喫茶等	全部							
(3)	イ	待合，料理店等　(特)	300	100						
	ロ	飲食店	300							
(4)		百貨店，マーケット，店舗，展示場等　(特)	300							
(5)	イ	旅館，ホテル，宿泊所等　(特)	全部							
	ロ	●寄宿舎，下宿，共同住宅	500							
(6)	イ	病院，診療所，助産所	全部※1							
	ロ	老人短期入所施設，有料老人ホーム（要介護）等　(特)	全部※1							
	ハ	有料老人ホーム（要介護を除く），保育所等	全部※1							
	ニ	幼稚園，特別支援学校	300							
(7)		小，中，高，大学，専修学校等	500							
(8)		図書館，博物館，美術館等	500							
(9)	イ	蒸気・熱気浴場等　(特)	200							
	ロ	●イ以外の公衆浴場	500							
(10)		車両の停車場，船舶，航空機の発着場	500							
(11)		神社，寺院，教会等	1000							
●(12)	イ	工場，作業場	500							
	ロ	映画スタジオ，テレビスタジオ	500							
(13)	イ	自動車車庫，駐車場	500							
	ロ	飛行機等の格納庫	全部							
(14)		倉庫	500							
●(15)		前各項に該当しない事業場	1000							
(16)	イ	特定用途部分を有する複合用途防火対象物　(特)	300	※5						
	ロ	イ以外の複合用途防火対象物	※2							
(16の2)		地下街　(特)	300※3							
(16の3)		準地下街　(特)	※4							
(17)		重要文化財等	全部							

※1〜※5は次頁下参照

資料2　煙感知器の設置義務がある場所

	設置場所	感知器の種別		
		煙	熱煙	炎
①	たて穴区画（階段，傾斜路，エレベーターの昇降路，リネンシュート，パイプダクトなど）	○		
②	地階，無窓階および11階以上の階（ただし，特定防火対象物および事務所などの15項の防火対象物に限る）	○	○	○
③	廊下および通路（下記＊に限る）	○	○	
④	カラオケボックス等（（2項ニ）⇒16項イ，（準）地下街に存するものを含む）	○	○	
⑤	感知器の取り付け面の高さが15m以上20m未満の場所	○		○

※1．特定防火対象物
　2．寄宿舎，下宿，共同住宅（（5）項ロ）
　3．公衆浴場（（9）項ロ）
　4．工場，作業場，映画スタジオなど（（12）項）
　5．事務所など（（15）項）

（煙感知器の代わりに設置できる）

（注：（7）項の学校や（8）項の図書館などの廊下等には設置義務はないので，注意！）

<P.232の※1～※5>
（※1）　6項イ・ハで，利用者を入居または宿泊させないものは延べ面積300m² 以上の場合に設置します。
（※2）　前頁の表の1項から15項までのうち，それぞれの床面積の合計が規定の面積（「一般」の欄に記してある数値）に達している場合は，その用途部分について設置します。
（※3）　2項ニ，5項イ，6項ロ，6項イ・ハ（利用者を入居・宿泊させるもの）の用途部分はすべてに設置します。
（※4）　延べ面積が500m² 以上で，かつ特定用途に供される部分の床面積の合計が300m² 以上の場合に設置します。
（※5）　2項（ニを除く），3項，16項イの地階，無窓階（16項イの場合は2項，3項のあるもの）で，床面積（16項イの場合は2項，3項の用に供する床面積の合計）が100m² 以上の場合に設置します。

資料3　(1)　感知器の種別のまとめ

設置場所	感知器の種類	図記号
煙感知器の設置義務がある場所（階段などのたて穴区画，廊下，特防の地階，無窓階，11階以上の階），玄関ホール*，ロビー	煙感知器（2種）	S
通信機室，電話機械室，電算室，中央制御室，カラオケボックスの個室	（＊廊下等に準じる扱いを受けるもの）	
一般的な室および駐車場，機械室，電気室，変電室，配電室，喫煙室	差動式スポット型感知器（2種）	
ボイラー室，乾燥室，厨房前室，乾燥室	定温式スポット型感知器（1種）	
厨房，調理室，湯沸室，脱衣室，受水槽室，消火ポンプ室	定温式スポット型感知器（1種防水型）	
押入れ（木製などの不燃材料以外），ゴミ集積所	定温式スポット型感知器（特種）	◯0
バッテリー室（蓄電池室）	定温式スポット型感知器の耐酸型	
オイルタンク室	定温式スポット型感知器（1種防爆型）	EX

- ・便所，浴室
- ・押入れ（天井，壁が不燃材料の場合）　⇒感知器を設置しなくてもよい

（注：一般的に用いられるものを示してあります。）

資料3　(2)　感知器の種別の参考例

左側：有窓階，右側：地階，無窓階，11階以上

	一般的な室	病室手術室	機械室	電気室（変電室）	ボイラー室	押入	駐車場発電機室	廊下	階段	厨房・台所乾燥室脱衣室	食堂居室
オフィスビル	◯S	S	◯	S◯	S◯	◯◯0※	◯◯※	SS	S	◯◯	◯S
病院	◯S	S S	◯	S◯	S◯	◯◯0※	◯◯※	SS	S	◯◯	◯S
ホテルデパート	◯S	S	◯	S◯	S◯	◯◯0※	◯◯※	SS	S	◯◯	◯S
学校	◯◯	S	◯	◯◯	◯◯	◯◯0※	※	◯◯	S	◯◯	◯◯
図書館倉庫	◯◯		◯	◯◯	◯◯	◯◯0※	※	◯◯	S	◯◯	◯◯
特殊な場所	オイルタンク室 ◯EX（防爆）　蓄電池室 ◯（耐酸型）										

注：(1)感知器の種別はそれぞれに適応するものを選ぶこと（◯は2種，Sも2種が一般的に使用されている）。
　　(2)押入の※◯0は，市町村により Sを設ける場合がある。
　　(3)廊下の※は，熱感知器，煙感知器又は炎感知器のいずれかを設置。
　　(4)駐車場の※◯は，令第32条の特例を適用した場合に設置できる。

資料4　煙感知器設置禁止場所および熱感知器設置可能場所

(S型：スポット型)　　(参考)

熱感知器／煙感設置禁止場所	具体例	定温式	差動式分布型	補償式S型	差動式S型	炎感知器
① じんあい等が多量に滞留する場所	ごみ集積所,塗装室,石材加工場	○	○	○	○	○
② 煙が多量に流入する場所	配膳室,食堂*,厨房,厨房前室	○	○	○	○	×
③ 腐食性ガスが発生する場所	バッテリー室,汚水処理場	○(耐酸)	○	○(耐酸)	×	×
④ 水蒸気が多量に滞留する場所	湯沸室,脱衣室,消毒室	○(防水)	○(2種のみ)	○(2種のみ)(防水)	○(防水)	×
⑤ 結露が発生する場所	工場,冷凍室周辺,地下倉庫	○(防水)	○	○(防水)	○(防水)	×
⑥ 排気ガスが多量に滞留する場所	駐車場,荷物取扱所,自家発電室	×	○	○	○	○
⑦ 著しく高温となる場所	ボイラー室,乾燥室,殺菌室,スタジオ	○	×	×	×	×
⑧ 厨房その他煙が滞留する場所	厨房室,調理室,溶接所	○(防水)	×	×	×	×

(耐酸)　耐酸型または耐アルカリ型のものとする
(防水)　防水型のものとする
(防水)　高湿度となる恐れのある場合のみ防水型とする
＊厨房などの煙が多量に流入するおそれがある厨房周辺の廊下，通路，食堂等は，規則第23条4項一号二の(ヘ)より，煙感知器設置禁止場所とされていますが，そうでない食堂はこの限りではありません（煙感知器を設置してもよい）。

資料5　感知面積

（単位：m²）

取り付け面の高さ		定温式S			差動式S		補償式S		煙式S	
		特種	1種	2種	1種	2種	1種	2種	1,2	3
4 m未満	主要構造部が耐火構造	70	60	20	90	70	90	70	150	50
	その他の構造	40	30	15	50	40	50	40		
4 m以上8 m未満	主要構造部が耐火構造	35	30		45	35	45	35	75（4 m以上15 m未満）	
	その他の構造	25	15		30	25	30	25		

（下線⇒1種は20 m未満）

1.　差動式スポット型感知器（2種）

　　　　（4 m未満）　　　4 m　　　（4 m以上）
　　　　─────────│─────────
　　　① 耐火：70 m²　　　② 耐火：35 m²
　　　　その他：40 m²　　　その他：25 m²

2.　定温式スポット型感知器（1種）

　　　　　　　　（取り付け面の高さ）
　　　　（4 m未満）　　　4 m　　　（4 m以上）
　　　　─────────│─────────
　　　① 耐火：60 m²　　　② 耐火：30 m²
　　　　その他：30 m²　　　その他：15 m²

3.　煙感知器（2種）

　　　　（4 m未満）　　　4 m　　　（4 m以上）
　　　　─────────│─────────
　　　①　150 m²　　　　②　75 m²
（煙式に耐火とその他の構造の区別はありません）

資料6　感知器の取り付け面の高さ

感知器の種別と天井等の取り付け面の高さをまとめると次のようになります。（S
はスポット型です）

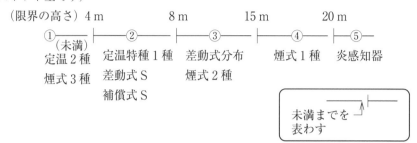

（限界の高さ）　4 m　　　　　8 m　　　　15 m　　　　20 m

①（未満）　②　　　　　③　　　　　④　　　　⑤

定温2種　　定温特種1種　　差動式分布　　煙式1種　　炎感知器
煙式3種　　差動式S　　　　煙式2種
　　　　　　補償式S

未満までを
表わす

＜感知器の限界の高さ＞

こうして
覚えよう

（限界の高さ）　　　　　　①のグループ

試 や い後（試合後），／手 け っ／
4 m 8 m 15 m　　　　　　定温　煙式

　　　②のグループ　　　　　③のグループ　④のグループ

て　さ，　ホ ーと，／さ　け ん／だっ け
定温　差動式　補償式　　差動式　煙式　　　　煙式

資料7　適応感知器の具体例 （平成3年12月6日消防予第240号, 第10-表2）

環境状態	具体例	差動式スポット型	差動式分布型	補償式スポット型	定温式	熱アナログ式スポット型	イオン化式スポット型	光電式スポット型	イオン化アナログ式スポット型	光電アナログ式スポット型	光電式分離型	光電アナログ式分離型	炎感知器	備考
		適応熱感知器					適応煙感知器							
喫煙による煙が滞留するような換気の悪い場所（→喫煙所）	会議室, 応接室, 休憩室, 控室, 楽屋, 娯楽室, 喫茶室, 飲食室, 待合室, キャバレー等の客室, 集会場, 宴会場等	○	○	○				○*		○*	○	○		
就寝施設として使用する場所	ホテルの客室, 宿泊室, 仮眠室等						○*	○*	○*	○*	○	○		
煙以外の微粒子が浮遊している場所	廊下, 通路等						○*	○*	○*	○*	○	○		
風の影響を受けやすい場所	ロビー, 礼拝堂, 観覧場, 塔屋にある機械室等		○					○*		○*	○	○		
煙が長い距離を移動して感知器に到達する場所	階段, 傾斜路, エレベータ, 昇降路等							○		○	○			光電式スポット型感知器又は光電アナログ式スポット型感知器を設ける場合は, 当該感知器回路に蓄積機能を有しないこと。
燻焼火災となるおそれのある場所	電話機械室, 通信機室, 電算機室, 機械制御室等							○		○	○	○		
大空間でかつ天井が高いこと等により熱及び煙が拡散する場所	体育館, 航空機の格納庫, 高天井の倉庫・工場, 観覧席上部で感知器取り付け高さが8メートル以上の場所		○								○	○	○	

注1　○印は当該場所に適応することを示す。
　2　○*は, 当該設置場所に煙感知器を設ける場合は, 当該感知器回路に蓄積機能を有することを示す。
　3　設置場所の欄に掲げる「具体例」については, 感知器の取付け面の付近（光電式分離型にあっては光軸, 炎感知器にあっては公称監視距離の範囲）が, 「環境状態」の欄に掲げるような状態にあるものを示す。
　4　差動式スポット型, 差動式分布型, 補償式スポット型及び煙式（当該感知器回路に蓄積機能を有しないもの）の1種は感度が良いため, 非火災報の発生については2種に比べて不利な条件にあることに留意すること。
　5　差動式分布型3種及び定温式2種は消火設備と連動する場合に限り使用できること。
　6　光電式分離型感知器は, 正常時に煙等の発生がある場合で, かつ, 空間が狭い場所には適応しない。
　7　大空間でかつ天井が高いこと等により熱及び煙が拡散する場所で, 差動式分布型又は光電式分離型2種を設ける場合にあっては15メートル未満の天井高さに, 光電式分離型1種を設ける場合にあっては20メートル未満の天井高さで設置するものであること。
　8　多信号感知器にあっては, その有する種別, 公称作動温度の別に応じ, そのいずれもが表-2により適応感知器とされたものであること。
　9　蓄積型の感知器又は蓄積式の中継器若しくは受信機を設ける場合は, 規則第24条第7号の規定によること。

第４類消防設備士　過去問題集　製図編

編　著　者　　工　藤　政　孝
印刷・製本　　㈱ 太　洋　社

発　行　所　株式会社　弘　文　社　　〒546-0012 大阪市東住吉区
　　　　　　　　　　　　　　　　　　　　　中野２丁目１番27号
　　　　　　　　　　　　　　　　　☎　　　(06)6797─7441
　　　　　　　　　　　　　　　　　FAX　(06)6702─4732
　　　　　　　　　　　　　　　　　振替口座 00940─2─43630
代　表　者　　岡　﨑　　靖　　　　東住吉郵便局私書箱１号

● 落丁・乱丁本はお取り替えいたします。